MODELIZACIÓN MATEMÁTICA

MODELIZACIÓN MATEMÁTICA

María Zulima Fernández Muñiz
Ana Cernea Corbeanu
Juan Luis Fernández Martínez

2023

Ediciones de la Universidad de Oviedo
ISNI:0000 0004 8513 7929
Servicio de Publicaciones de la Universidad de Oviedo
Campus de Humanidades. Edificio de Servicios. 33011 Oviedo (Asturias)
Tel. 985 10 95 03
http: www.publicaciones.uniovi.es
servipub@uniovi.es

Esta obra ha sido avalada por el Departamento de Matemáticas de acuerdo con lo establecido en el artículo 8f, del Reglamento del Servicio de Publicaciones de la Universidad de Oviedo.

Esta editorial es miembro de la UNE, lo que garantiza la difusión y comercialización de sus publicaciones a nivel nacional e internacional.

I.S.B.N.: 978-84-18324-66-6
DL AS 2077-2023

Imprime: Servicio de Publicaciones. Universidad de Oviedo

ÍNDICE

1. Introducción a la Modelización Matemática **1**

1.1. Introducción a los modelos matemáticos 1

1.2. Fases de la modelización 2

1.3. Clasificación de los modelos 3

1.3.1. Modelos Deterministas 3

1.3.2. Modelos Experimentales 5

2. Resolución Generalizada de Problemas Lineales **15**

2.1. Problemas directos e inversos 15

2.2. Incertidumbre en la solución de un problema inverso 16

2.3. Problemas bien y mal planteados 17

2.3.1. Condiciones de Hadamard mediante ejemplos 17

2.4. Clasificación de problemas lineales 21

2.4.1. Sistemas con matriz de rango máximo 22

2.4.2. Sistemas con matriz deficiente en rango 23

2.5. La matriz pseudoinversa de Moore Penrose 24

2.5.1. SVD - Singular Value Decomposition 25

2.5.2. Pseudoinversa de Moore-Penrose 26

2.6. Regularización de sistemas lineales 26

2.6.1. Regularización por truncamiento 27

2.6.2. La regularización por amortiguamiento 27

2.7. Reducción de la dimensionalidad via PCA 29

2.7.1. Cálculo de las componentes principales 29

2.7.2. Ejemplo 34

2.8. Métodos de descenso 37

2.8.1. Introducción 37

2.8.2. Método del gradiente 39

2.8.3. Método del gradiente conjugado 44

2.8.4. Gradiente conjugado precondicionado 47

3. Problemas No Lineales **51**

3.1. Sistemas no lineales 51

3.1.1. Método creeping 53

3.1.2. Método jumping 53

4. Diferencias Finitas y Elementos Finitos **59**
4.1. Ecuaciones en derivadas parciales 59
4.1.1. Introducción 59
4.2. Diferencias finitas 61
4.2.1. Introducción 61
4.2.2. Discretización uniforme unidimensional 62
4.2.3. Aproximaciones de las derivadas primera y segunda 62
4.2.4. Problemas unidimensionales 64
4.2.5. Problemas bidimensionales 66
4.3. El método de los elementos finitos (MEF) 70
4.3.1. Introducción 70
4.3.2. Problemas unidimensionales 71
4.3.3. Error y elección del tipo de elemento 77

5. Práctica 1: Modelos Experimentales **79**
5.1. Modelos de Ajuste 79
5.1.1. Modelo de Ajuste con Datos Continuos 79
5.1.2. Modelo de Ajuste con Datos Discretos 81
5.2. Modelos de Simulación de Montecarlo 82
5.3. Cadenas de Markov 83
5.3.1. Ejercicios 84

6. Práctica 2: Problemas Lineales Completos en Rango **87**
6.1. Problema Directo y Problema Inverso 87
6.1.1. Problemas Puramente Sobredeterminados (PPS): $m > n$ 89
6.1.2. Problemas Puramente Indeterminados (PPI): $m < n$ 90
6.2. Ejercicios 91

7. Práctica 3: Problemas Lineales Deficientes en Rango **93**
7.1. El Problema de Detección de un Cuerpo Denso mediante Inversión Gravimétrica . . 94
7.1.1. El Problema Físico 94
7.1.2. El Modelo Matemático 95
7.1.3. Linealización del Problema 95
7.2. Técnicas de Regularización 96
7.3. Ejercicios 98

8. Práctica 4: Técnicas de reducción de la dimensionalidad **99**
8.1. SVD 99
8.2. PCA 101
8.3. Ejercicios 104

9. Práctica 5: Métodos de Descenso para la resolución de sistemas lineales **107**
9.1. Método del Gradiente 107
9.2. Método del Gradiente Conjugado 109
9.3. Método del Gradiente Conjugado Precondicionado 113
9.4. Ejercicios 113

10. Práctica 6: Problemas no lineales **115**
10.1. Linealización de los problemas no lineales: Métodos iterativos 115
10.1.1. El método CREEPING 115
10.1.2. El método JUMPING 117
10.2. Ejercicios 119

11. Práctica 7: Diferencias finitas **123**
11.1. Caso Unidimensional 123
11.2. Caso Bidimensional 126
11.2.1. De primer orden 126
11.2.2. De segundo orden 127
11.3. Aplicaciones en Procesamiento de Imágenes 132
11.3.1. Detectar Bordes 132
11.3.2. Suavizar Bordes 134
11.4. Ejercicio propuesto 135

12. Práctica 8: Elementos Finitos **141**
12.1. Problemas Unidimensionales 141
12.1.1. Viga hiperestática 143
12.2. Ejercicios 151

Introducción a la Modelización Matemática

1.1. Introducción a los modelos matemáticos

Definición 1. *Un modelo matemático es una representación simplificada y abstracta de un sistema, fenómeno o proceso del mundo real utilizando conceptos y herramientas matemáticas. Se construye con el objetivo de comprender, analizar y predecir el comportamiento de dicho sistema o fenómeno.*

Los modelos matemáticos permiten simular situaciones y experimentos de forma virtual, lo que facilita la comprensión de los fenómenos complejos y ayuda a tomar decisiones informadas. Además, pueden ser utilizados para simular diferentes estados del sistema (distribución de temperatura en una placa metálica), hacer predicciones sobre su comportamiento futuro (problema de ajuste) o para optimizar ciertas variables (maximizar un rendimiento, minimizar un coste, optimizar un diseño, etc.) logrando los mejores resultados posibles y ayudando en la toma de decisiones.
Es importante tener en cuenta que los modelos matemáticos son simplificaciones de la realidad y están sujetos a ciertas limitaciones. Sin embargo, son herramientas muy útiles en campos como la física, la ingeniería, la economía, la biología y muchas otras disciplinas científicas, ya que proporcionan un marco estructurado para el análisis y la comprensión de los sistemas complejos.

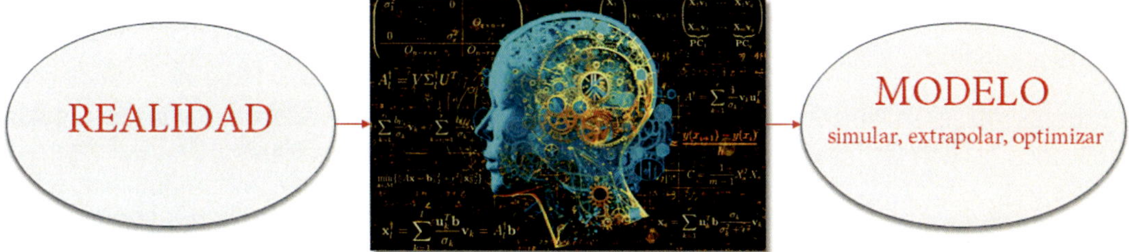

Figura 1.1: Diagrama de paso de la realidad al modelo y sus objetivos del mismo

Elementos básicos de un modelo matemático

Los modelos matemáticos pueden variar en cuanto a su complejidad, pero todos ellos tienen un conjunto de elementos básicos:

- **Variables**: Son los objetos que se busca entender o analizar. Así por ejemplo, en la ecuación del movimiento acelerado $s = s_0 + v_0 t + \frac{1}{2}gt^2$, s y t son las variables.
- **Parámetros**: Son las cantidades numéricas o incógnitas que se intenta estimar. Se trata de valores conocidos o controlables del modelo. La elección de los parámetros del modelo no

es, en general, única y puede afectar a las soluciones que se obtienen. Por ejemplo, en una recta $y = a + bx$, los parámetros son a y b.

- **Restricciones**: Son determinados límites que indican que los resultados del análisis son razonables. Así por ejemplo, si una de las variables es la probabilidad de un suceso, una restricción es que su valor se encuentre entre 0 y 1.
- **Relaciones entre las variables**: El modelo establece una determinada relación entre las variables apoyándose en teorías económicas, físicas, químicas, etc.
- **Representaciones simplificadas**: Una de las características esenciales de un modelo matemático es la representación de las relaciones entre las variables estudiadas a través de elementos de las matemáticas tales como funciones, ecuaciones, fórmulas, etc.

Propiedades deseadas de un modelo matemático

Cuando se diseña un modelo matemático, se busca que éste tenga un conjunto de propiedades que ayude a asegurar su robustez[1] y efectividad[2]. Algunas de estas propiedades son:

- **Simplicidad**: Debe ser una simplificación de la realidad que permita entenderla mejor.
- **Objetividad**: Debe presentar una ausencia total de sesgos teóricos o debidos a prejuicios de sus diseñadores.
- **Sensibilidad**: Debe ser capaz de reflejar en los resultados los efectos de pequeñas variaciones en las variables.
- **Estabilidad**: No debe alterarse significativamente cuando haya cambios pequeños en las variables.
- **Universalidad**: Debe ser aplicable a varios contextos y no solo a un caso particular.

1.2. Fases de la modelización

Las fases de la modelización son:

1. **Conceptualización**: se analiza el problema y se intenta saber qué variables o principios están implicados, viendo las leyes físicas o matemáticas que se podrían utilizar.
2. **Análisis teórico**: se comprueba si el problema está bien planteado de acuerdo con Jacques Hadamard, es decir:
   - Si existe la solución (Existencia)
   - Si la solución es única (Unicidad)
   - Si pequeñas perturbaciones en los datos puedan producir grandes variaciones en la solución (Estabilidad)

   De este análisis, se pueden obtener dos tipos de planteamientos: 1) Problema bien planteado: tiene una única solución (*Well-posed problems*). 2) Problema mal planteado: no existe una única solución (*Ill-posed problems*).

[1] Capacidad que tiene el método analítico de permanecer inalterado por pequeñas variaciones en el procedimiento del método.

[2] Capacidad de lograr el efecto que se desea.

3. **Implementación numérica**: se construye el modelo numérico, es decir, un prototipo programado mediante métodos de cálculo numérico. Esta fase requiere de 1) Cálculo y Análisis Numérico para seleccionar métodos y analizar posibles problemas de redondeo, truncamiento, cancelación, y 2) Programación.

4. **Medición de datos**: se realizan medidas de los valores de las variables del modelo, teniendo en cuenta que siempre van a tener un error de medida determinado.

5. **Calibración del modelo**: se compara la salida del modelo con los datos observados de la realidad (fase 4) y se buscan las coincidencias mediante un proceso denominado *matching*.

6. **Validación**: se determina si el modelo es capaz de predecir con precisión el comportamiento del sistema que está modelando. Esto implica evaluar el rendimiento del modelo con datos independientes que no se utilizaron en el proceso de ajuste. El análisis de los resultados de la validación permite determinar si el modelo necesita ajustes para mejorar su precisión.

1.3. Clasificación de los modelos

Una posible clasificación de los modelos matemáticos es:

1. **Modelos deterministas**: regidos por ecuaciones o leyes que describen sistemas o procesos en los que la respuesta futura está completamente determinada por el estado actual y las condiciones iniciales. Algunos ejemplos son la aplicación de la ley de Newton, la ley del calor de Fourier, el balance de masas o de energía y la cantidad de movimiento (basados en leyes físicas).

2. **Modelos experimentales**: describen sistemas o procesos cuya ley de comportamiento se desconoce, pero se dispone de datos obtenidos a partir de mediciones o simulaciones. Utilizan variables aleatorias[3] o estadísticas[4] y se podrían clasificar en:

   a) *Modelos de ajuste*: describen relaciones entre variables y realizan predicciones a partir de datos. El proceso consiste en medir una o varias variables de un sistema o proceso, y luego utilizar esos datos para ajustar un modelo matemático que describa esa relación.

   b) *Modelos estocásticos*: tienen en cuenta la incertidumbre o el azar en su descripción de sistemas o procesos, de modo que utilizan variables aleatorias para describir su comportamiento. Estos modelos son útiles en una variedad de campos, como la física, la ingeniería, la economía y las ciencias sociales, para simular y analizar sistemas complejos o inciertos.

1.3.1. Modelos Deterministas

Uno de los modelos más conocidos es la segunda Ley de Newton:

$$F = m \cdot a$$

que se empleará en el siguiente ejemplo.

Ejemplo 1. *Modelizar la trayectoria de un misil en el tiempo t, conociendo su posición inicial x_0 y su velocidad inicial (de lanzamiento) v_0.*

---

[3]Una función medible que asigna un número real a cada resultado posible de un experimento aleatorio.

[4]Una característica o atributo de una población o muestra que puede variar y cuya variabilidad puede ser medida, observada o registrada. Estas variables pueden asumir diferentes valores para cada elemento de la población y se utilizan para describir, analizar y comprender las propiedades de interés en un estudio estadístico.

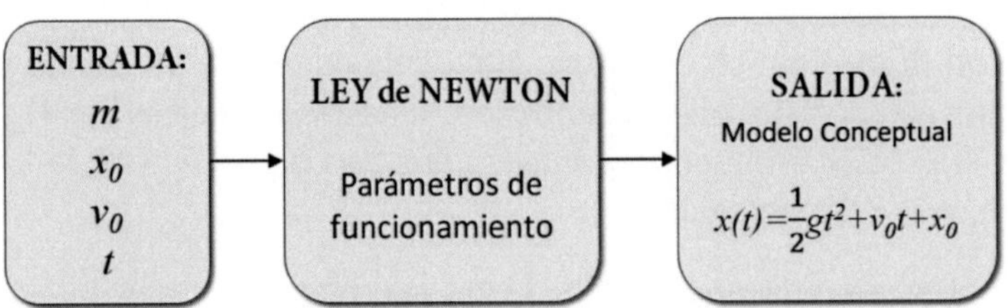

Figura 1.2: Esquema de un modelo determinista

Aplicando la segunda Ley de Newton y la definición de la aceleración en función del espacio recorrido, se obtiene la siguiente ecuación diferencial ordinaria:

$$F(t) = m \cdot a(t) \quad \Longrightarrow \quad F(t) = m \cdot \frac{d^2x}{dt^2}$$

Se suponen conocidas las condiciones iniciales:

$$x(0) = x_0, \quad \frac{dx}{dt}(0) = v_0$$

y que la única fuerza que actúa sobre el misil es la gravedad:

$$F(t) = m \cdot g \quad \Longrightarrow \quad \frac{d^2x}{dt^2} = g$$

Se calculan las primitivas y se obtiene la solución general:

$$\frac{dx}{dt} = gt + C_1 \quad \Longrightarrow \quad x(t) = \frac{1}{2}gt^2 + C_1t + C_2$$

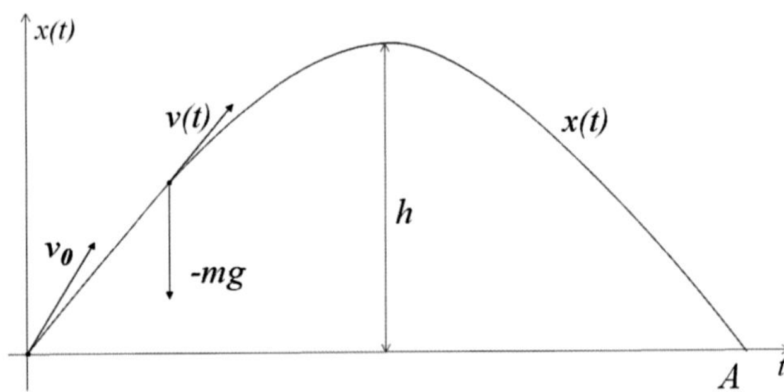

Figura 1.3: Trayectoria en el tiempo t de un misil

Particularizando se obtiene:

$$x(0) = C_2 = x_0; \quad \frac{dx}{dt}(0) = C_1 = v_0$$

Finalmente se obtiene el modelo conceptual:

$$x(t) = \frac{1}{2}gt^2 + v_0t + x_0$$

1.3.2. Modelos Experimentales

Estos modelos describen y analizan el comportamiento de un sistema, y pueden predecir escenarios futuros. Se construyen a partir de mediciones en experimentos realizados en el mundo real o utilizan simulaciones de procesos.

a) Modelos de ajuste

En los procesos experimentales, se dispone de una serie de datos observados $\{(t_1, y_1), (t_2, y_2), ..., (t_m, y_m)\}$ que forman una red de muestreo, donde m es el número de mediciones (datos). Este conjunto se llama también conjunto de entrenamiento o de aprendizaje.
El objetivo es construir un *modelo explicativo* (un predictor o estimador) de dichas observaciones: $\mathbf{y}^*(t)$ de manera que:

$$\begin{aligned} \mathbf{y}^*(t_1) &\approx y_1 \\ \mathbf{y}^*(t_2) &\approx y_2 \\ &\vdots \\ \mathbf{y}^*(t_m) &\approx y_m \end{aligned}$$

El modelo se define de la siguiente manera:

$$\mathbf{y}^*(t) = \sum_{k=1}^{n} x_k \phi_k(t) = x_1 \phi_1(t) + ... + x_n \phi_n(t) \tag{1.1}$$

donde $\{x_1, x_2, \cdots, x_n\}$ son los parámetros del modelo y $\phi_k(t)$ son las funciones de base o de construcción del modelo, de las que depende la forma de éste. Algunas funciones de base son:

- Funciones polinómicas: $\{1, t, t^2, ..., t^n\}$, $n \in \mathbb{N}$.
- Funciones trigonométricas: $\{1, \cos t, \sin t, \cos 2t, \sin 2t, ..., \cos nt, \sin nt\}$
- Funciones exponenciales: $\{1, e^t, e^{2t}, ...\}$
- etc

Por tanto, el problema (1.1) se reduce a hallar los coeficientes $\{x_1, x_2, ..., x_n\}$ de tal manera que el valor predicho del regresor $\mathbf{y}^*$ en el punto t_j de la red de muestreo sea lo más cercano posible a y_j

$$\mathbf{y}^*(t_j) \approx y_j$$

datos reales $\mathbf{y}_{obs}$		**valores predichos $\mathbf{y}^*$**
y_1		$\mathbf{y}^*(t_1)$
y_2	$\approx$	$\mathbf{y}^*(t_2)$
$\vdots$		$\vdots$
y_m		$\mathbf{y}^*(t_m)$

El signo $\approx$ significa que los datos reales y los valores predichos no coinciden, por tanto es necesario introducir una medida del error de predicción, que será la distancia en el espacio euclídeo $\mathbb{R}^m$:

$$d(\mathbf{y}, \mathbf{y}^*) = \|\mathbf{y}_{obs} - \mathbf{y}^*\|$$

El problema consiste en calcular el vector de parámetros del modelo $\mathbf{x} = (x_1, x_2, \cdots, x_n) \in \mathbb{R}^n$, que minimice la función de coste

$$\mathcal{C} : \mathbb{R}^n \to \mathbb{R}, \quad \mathcal{C}(\mathbf{x}) = \|\mathbf{y}_{obs} - \mathbf{y}^*\|.$$

cuyo valor será 0 si la predicción es perfecta.
De forma general, los modelos experimentales se pueden escribir matricialmente como:

$$\underbrace{\begin{pmatrix} y_1 \\ y_2 \\ \vdots \\ y_m \end{pmatrix}}_{\mathbf{y}_{obs}} \approx \begin{pmatrix} \sum_{k=1}^{n} x_k \phi_k(t_1) \\ \sum_{k=1}^{n} x_k \phi_k(t_2) \\ \vdots \\ \sum_{k=1}^{n} x_k \phi_k(t_m) \end{pmatrix} = \underbrace{\begin{pmatrix} \phi_1(t_1) & \phi_2(t_1) & \dots & \phi_n(t_1) \\ \phi_1(t_2) & \phi_2(t_2) & \dots & \phi_n(t_2) \\ \vdots & \vdots & & \vdots \\ \phi_1(t_m) & \phi_2(t_m) & \dots & \phi_n(t_m) \end{pmatrix}}_{A} \underbrace{\begin{pmatrix} x_1 \\ x_2 \\ \vdots \\ x_n \end{pmatrix}}_{\mathbf{x}} = \mathbf{y}^*$$

o, en su forma compacta:

$$\mathbf{y}_{obs} \approx A\, \mathbf{x} \tag{1.2}$$

Denotando por $\mathbf{A}^1, \cdots, \mathbf{A}^n$ las columnas de A, el espacio columna de A es $Col(A) = \langle \mathbf{A}^1, \cdots, \mathbf{A}^n \rangle$.
Como $\mathbf{y}_{obs} \notin Col(A)$, el sistema (1.2) resulta incompatible, por lo que se busca el predictor $\mathbf{y}^* \in Col(A)$ tal que $\|\mathbf{y}_{obs} - \mathbf{y}^*\|$ sea mínima. Es decir, $\mathbf{y}^*$ debe ser la proyección ortogonal de $\mathbf{y}_{obs}$ sobre el espacio $Col(A)$, lo que equivale a decir que $\mathbf{y}_{obs} - \mathbf{y}^*$ es ortogonal al espacio columna de A

$$\mathbf{y}_{obs} - \mathbf{y}^* \perp Col(A), \tag{1.3}$$

para lo que es suficiente que el vector $\mathbf{y}_{obs} - \mathbf{y}^*$ sea ortogonal a un sistema de generadores de dicho espacio $Col(A)$.

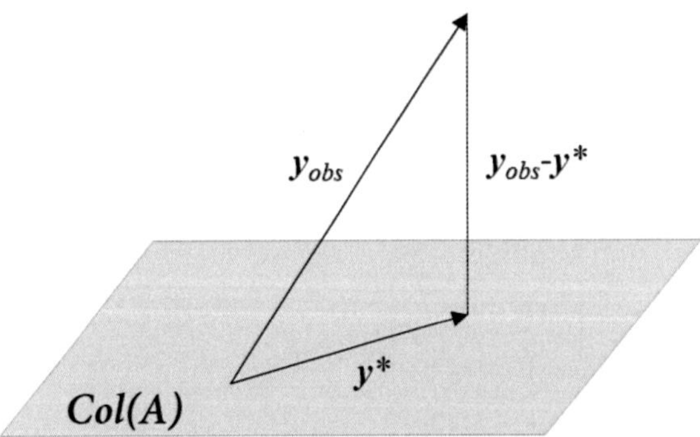

Figura 1.4: Proyección ortogonal de $\mathbf{y}_{obs}$ sobre el espacio $Col(A)$

Teorema 1. *Sea $f : V \to W$ una aplicación lineal entre espacios vectoriales de dimensión finita, y A su matriz asociada en unas ciertas bases. Entonces:*

$$Ker(A^T) = Col(A)^{\perp} \iff Ker(A^T) \perp Col(A)$$

siendo

$$Ker(A) = \{\mathbf{x} \in V \| \; A\mathbf{x} = \mathbf{0}_W\} \subset V$$

Demostración. Dado $\mathbf{y} \in KerA^T$ se cumple $A^T\mathbf{y} = 0$. Entonces:

$$\forall \mathbf{x} \in V \quad \Longrightarrow \quad A\mathbf{x} \in Col(A)$$

Se quiere comprobar que $A\mathbf{x} \perp \mathbf{y}$, es decir

$$(A\mathbf{x})^T\mathbf{y} = 0$$

lo que es equivalente a

$$\mathbf{x}^T \underbrace{A^T\mathbf{y}}_{\mathbf{0}} = 0.$$

Por tanto $KerA^T \perp Col(A)$.

□
□

Retomando la relación (1.3) resulta el siguiente sistema:

$$\begin{cases} (\mathbf{y}_{obs} - \mathbf{y}^*) \cdot \mathbf{A}^1 = 0 \\ (\mathbf{y}_{obs} - \mathbf{y}^*) \cdot \mathbf{A}^2 = 0 \\ \vdots \\ (\mathbf{y}_{obs} - \mathbf{y}^*) \cdot \mathbf{A}^n = 0 \end{cases}$$

que se puede expresar en su forma matricial

$$A^T(\mathbf{y}_{obs} - \mathbf{y}^*) = 0 \tag{1.4}$$

De (1.4) se obtiene el sistema lineal compatible determinado

$$A^T\mathbf{y}_{obs} = A^TA\mathbf{x} \tag{1.5}$$

conocido como *sistema de ecuaciones normales*, cuya solución es la solución de mínimos cuadrados

$$\mathbf{x}_{MC} = (A^TA)^{-1}A^T\mathbf{y}_{obs} \tag{1.6}$$

Ejemplo 2. ***Cálculo de la aceleración de la gravedad*** g ***mediante un movimiento de caída libre*** *Se lanza una pelota hacia arriba, desde lo alto de un edificio y se obtienen las siguientes mediciones:*

t	*0*	*1*	*2*	*3*	*4*	*5*
s	*88*	*90*	*82.2*	*64.6*	*37.2*	*0*

donde s *indica la distancia recorrida en metros y* t *el tiempo transcurrido en segundos. Teniendo en cuenta que la ecuación que rige este movimiento acelerado es* $s = s_0 + v_0t + \frac{1}{2}gt^2$ *(polinomio de segundo grado de la forma* $s = a + bt + ct^2$*), siendo* s_0 *la distancia recorrida inicialmente y* v_0 *la velocidad inicial, se pide calcular el valor aproximado de la aceleración de la gravedad* g*.*

El modelo que rige el movimiento es $s = s_0 + v_0t + \frac{1}{2}gt^2$, donde los parámetros s_0, v_0 y $\frac{1}{2}g$ son las incógnitas del problema ($\mathbf{x} = (s_0, v_0, \frac{1}{2}g)$). Teniendo en cuenta los datos de la tabla se obtiene el siguiente sistema lineal de ecuaciones, en su forma matricial:

$$\underbrace{\begin{pmatrix} s_1 \\ s_2 \\ \vdots \\ s_m \end{pmatrix}}_{\mathbf{y}_{obs}} \simeq \underbrace{\begin{pmatrix} 1 & t_1 & t_1^2 \\ 1 & t_2 & t_2^2 \\ \vdots & & \\ 1 & t_m & t_m^2 \end{pmatrix}}_{A} \underbrace{\begin{pmatrix} s_0 \\ v_0 \\ \frac{1}{2}g \end{pmatrix}}_{\mathbf{x}} \Longleftrightarrow \mathbf{y}_{obs} = A\mathbf{x}$$

A continuación se busca la solución de mínimos cuadrados (1.6), resolviendo el siguiente sistema de ecuaciones normales:

$$A^T\mathbf{y}_{obs} = A^T A\mathbf{x}$$

Se obtiene

$$\mathbf{x}_{MC} = \begin{pmatrix} s_0 \\ v_0 \\ \frac{1}{2}g \end{pmatrix} = \begin{pmatrix} 88 \\ 6.9 \\ -4.9 \end{pmatrix}$$

de donde resulta $g = -9.8m/s^2$ y la velocidad inicial de lanzamiento es $6.9m/s$. El signo menos de g se debe a que el sentido de la aceleración gravitatoria es inverso al considerado como positivo en este problema.

b) Modelos estocásticos

Este tipo de modelos se basa en la teoría de la probabilidad y la estadística para describir el comportamiento de un sistema o proceso. Algunos de los conceptos clave en la construcción de modelos estocásticos incluyen variables aleatorias, distribuciones de probabilidad, procesos estocásticos[5] o ecuaciones diferenciales estocásticas[6].

La **distribución de probabilidad** describe las posibles ocurrencias de los diferentes valores que puede tomar una variable aleatoria, junto con las probabilidades asociadas a cada uno de esos valores. Es una manera de resumir y organizar la variabilidad de una variable aleatoria en términos de sus resultados posibles y las probabilidades asociadas a esos resultados.

Existen dos tipos principales de distribuciones de probabilidad: la distribución de probabilidad discreta o función de masa de probabilidad, y la distribución de probabilidad continua.

Para una variable aleatoria discreta X con valores $\{x_1, x_2, \ldots, x_n\}$, la distribución de probabilidad está dada por la función de masa de probabilidad $P_X(x)$, donde

$$P_X(x_i) = P(X = x_i) \quad \text{para } i = 1, 2, \ldots, n$$

y $\sum_{i=1}^{n} P_X(x_i) = 1$.

Para una variable aleatoria continua X con función de densidad de probabilidad $f_X(x)$, la distribución de probabilidad está dada por

$$P(a \leq X \leq b) = \int_a^b f_X(x)\, dx$$

donde $\int_{-\infty}^{\infty} f_X(x)\, dx = 1$.

En el contexto de las variables aleatorias continuas, la probabilidad de que la variable aleatoria tome un valor específico es prácticamente cero. En otras palabras, para una variable aleatoria continua X, la probabilidad de que X sea exactamente igual a un valor particular x es $P(X = x) = 0$ debido a que el conjunto de posibles valores es infinito no numerable, y asignar una probabilidad positiva a cada punto individual en este conjunto violaría la propiedad de que la suma total de las probabilidades debe ser igual a 1.

[5]Conjunto de variables aleatorias indexadas de acuerdo con un conjunto de índices I, que no representa necesariamente la evolución de una variable en el espacio o en el tiempo; por ejemplo, los resultados de sucesivas repeticiones de un experimento pueden modelizarse como un proceso estocástico. Un proceso estocástico puede interpretarse como un modelo matemático para describir la evolución de un sistema que exhibe cierto grado de aleatoriedad o incertidumbre.

[6]Ecuaciones que describen la evolución en el tiempo de un proceso estocástico en función de sus variables de estado y de términos aleatorios.

Existen varios tipos de modelos estocásticos, algunos de los cuales son:

- **Procesos estocásticos**: Un proceso estocástico es una colección de variables aleatorias $\{X_i : i \in I\}$, donde cada variable aleatoria X_i está asociada con un elemento i de un conjunto de índices I. Este conjunto de índices puede representar tiempo, espacio, o cualquier otro conjunto ordenado o no ordenado. Aunque el tiempo y el espacio son los más comunes, los índices pueden representar otras dimensiones, como diferentes escenarios en un modelo financiero, niveles de un factor en un experimento, o incluso estados en un modelo abstracto de decisiones.

  Estos procesos son fundamentales para analizar y predecir fenómenos en una amplia variedad de campos.

  Un ejemplo de proceso estocástico, que describe cómo una variable cambia con el tiempo puede ser el seguimiento de la sexta ola de la pandemia de covid-19 en Asturias.

  Ejemplo 3. *Se dispone de los datos*

  $$\{(t_1, I_1), (t_2, I_2), ..., (t_m, I_m)\},$$

  donde t_i representa el momento de tiempo (día) en el que se mide I_i, que es el número total de infectados en el tiempo t_i. Se pide:

  1. *Predecir $I^*(t)$, el número total de infectados en el tiempo t y estimar su valor máximo.*
  2. *Predecir el número de infectados diarios, $\frac{dI^*(t)}{dt}$.*
  3. *Calcular el número máximo de infectados que se producirán en un día (pico de la pandemia), $\text{máx} \frac{dI^*(t)}{dt}$, y cuándo va a producirse.*
  4. *Determinar cuándo va a ser el final de la sexta ola.*
  5. *Decidir cuál será el número máximo de ingresados que habrá y cuántos de éstos serán pacientes de la UCI.*

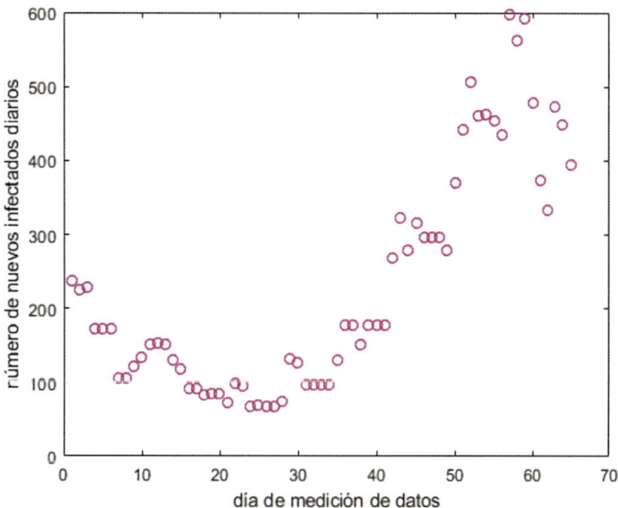

Figura 1.5: Datos de infectados por Covid-19 en diferentes días de la sexta ola de la pandemia en Asturias

El número total de infectados diarios $I = (I_1, I_2, \ldots, I_m)$, desprovistos de la información temporal, es la variable aleatoria **número total de infectados diarios**, donde $\{I_1\}, \{I_2\}, \ldots \{I_m\}$ son realizaciones de dicha variable. Entre dos momentos consecutivos de tiempo t_i, t_{i+1} hay $I_{i+1} - I_i$ infectados.

Al tratarse de una variable aleatoria, se puede calcular la función de distribución acumulada asociada a I, que describe la probabilidad de que el número total de infectados I tome un valor menor o igual que una cantidad x

$$F(x) = P(I \leq x)$$

que representa la probabilidad de que el número total de infectados en un determinado tiempo sea menor o igual que una cierta cota x. Por su definición, $F(x)$ es una función creciente cuyos valores se encuentran en el intervalo $[0, 1]$.

Una vez conocida la función de distribución F, se puede saber el valor de I para el que $F(x) = 0.5$, es decir la *mediana* de la variable I o número para el que I tiene igual probabilidad de tomar valores menores o mayores que él. La mediana, que corresponde al percentil 50[7] o segundo cuartil Q_2, no se ve afectada si hay datos mucho más grandes o más pequeños que ella.

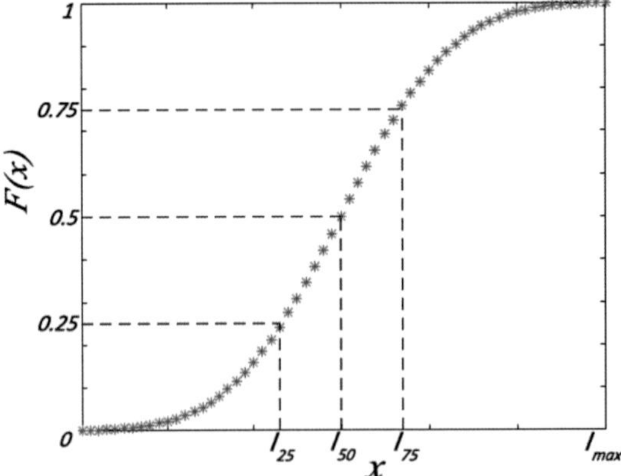

Figura 1.6: Función de distribución de la variable número total de infectados

Análogamente, se pueden identificar en la gráfica los percentiles 25 y 75, que corresponden al primer y tercer cuartil, respectivamente:

$$F(x) = P(I \leq x) = 0.25, \quad F(x) = P(I \leq x) = 0.75$$

A la diferencia entre el tercer cuartil y el primer cuartil de la distribución se le llama *rango intercuartílico*, y es una medida de la dispersión de la variable aleatoria

$$RQ = Q_3 - Q_1$$

Con este modelo, se puede estimar el valor del número máximo de infectados, pero no es posible predecir cuándo será el final de la ola o cuándo se producirá el pico u otras variables

[7]Percentil q es una medida de posición que indica, una vez ordenadas las observaciones de menor a mayor, el valor de la variable por debajo del cual se encuentra el $q\,\%$ de observaciones.

que dependen del tiempo, porque se ha desvinculado la variable aleatoria del dato temporal (los datos son realizaciones de una variable aleatoria). Este modelo proporciona valores estadísticos de los datos, desprovistos de su estructura temporal.

Con todo esto, es imprescindible que los datos obtenidos para formular el modelo sean fiables.

En la práctica, casi ningún modelo responde a todas las preguntas posibles, por ello es necesario la combinación de varios modelos. Por ejemplo desde el principio de la pandemia de COVID-19 en España, el número oficial de infectados fue siempre inferior al real, debido a dos razones fundamentales: la existencia de pacientes asintomáticos y la incapacidad para hacer pruebas diagnósticas a toda la población. Y la confirmación de esta afirmación radica en la elevada letalidad[8] atribuida a la enfermedad, que llegó a superar el $10\,\%$ cuando se sabe que esta enfermedad no tiene una tasa tan elevada.

Conocer el número real de infectados por el virus no es una tarea sencilla, por lo que es imprescindible llevar a cabo un eficiente y fiable muestreo.

- **Método de simulación de Montecarlo**: utiliza un gran número de simulaciones aleatorias para analizar un sistema.

  El método de Montecarlo es un método no determinista, llamado así en referencia al Casino de Montecarlo (Mónaco), al ser la ruleta un generador simple de números aleatorios. Este método se desarrolló durante la segunda guerra mundial como parte del proyecto Manhattan para calcular la difusión de neutrones en materiales fisibles[9], que tiene un comportamiento eminentemente aleatorio, y era necesario para el diseño de la primera bomba atómica.

  El método de Montecarlo obtiene soluciones aproximadas a problemas numéricos basándose en la generación de grandes cantidades de números aleatorios y es utilizado, entre otras cosas, para medir volúmenes, aproximar propiedades de materiales y en la actualidad es parte fundamental de los algoritmos de *raytracing*[10] para la generación de imágenes 3D.

  Ejemplo 4. *Cálcular el número π utilizando un círculo inscrito en un cuadrado y el método de Montecarlo.*

  Sea un círculo de radio unidad ($r = 1$) inscrito en un cuadrado de lado $l = 2$. Si se distribuyen puntos de forma uniforme dentro del cuadrado, es razonable pensar que la cantidad de puntos que caen dentro de la superficie del círculo es proporcional al área del mismo. Como el área del círculo es $A_o = \pi r^2 = \pi$ y el área del cuadrado es $A_c = l^2 = 4$, el cociente de ambas áreas es

$$\frac{A_o}{A_c} = \frac{\pi}{4}$$

  Puesto que la probabilidad que tienen los puntos de caer en un área determinada es proporcional a dicho área, la relación de los puntos que caen dentro del círculo y los que caen en el cuadrado también será aproximadamente $\frac{\pi}{4}$, de modo que disponiendo de un número

[8]Cociente entre el número de fallecimientos a causa de una determinada enfermedad en un período de tiempo y el número de afectados por esa misma enfermedad en ese mismo período.

[9]Materiales capaces de experimentar una fisión con neutrones libres de cualquier energía.

[10]Es un algoritmo para síntesis de imágenes que calcula el camino de la luz como píxeles en un plano de la imagen y simula sus efectos sobre las superficies virtuales en las que incida para mejorar la calidad de las sombras y reflejos generados por las iluminaciones.

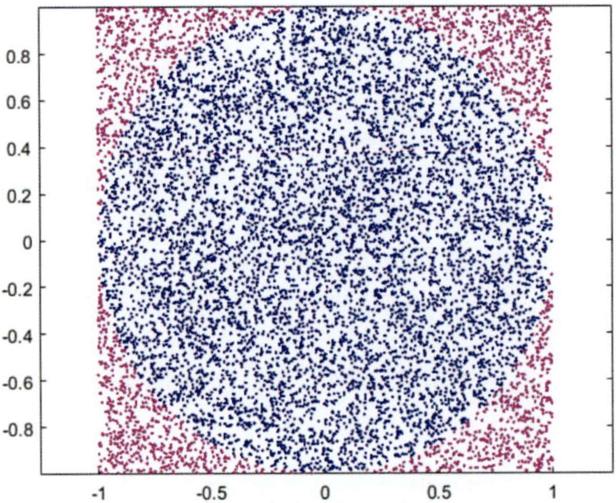

Figura 1.7: Distribución aleatoria de puntos en el interior del cuadrado y del círculo

suficientemente grande de puntos, se puede aproximar $\frac{\pi}{4}$ con tantas cifras decimales como se desee. Por tanto, bastará multiplicar por 4 para tener π:

$$\pi = 4\frac{P_o}{P_c}$$

Realizando este algoritmo con MatLab, se evidencia que es necesario un gran número de puntos para obtener unas pocas cifras decimales exactas, lo que significa que el método es de convergencia lenta.

- **Cadenas de Markov**

  Un proceso estocástico en tiempo discreto se denomina una Cadena de Markov si y solo si se satisface la propiedad Markoviana: el estado futuro del sistema depende únicamente del estado presente y no de cómo se llegó a ese estado, es decir, el futuro y el pasado son condicionalmente independientes dado el presente. Un caso particular es la cadena de Markov homogénea en la que las probabilidades de transición entre estados son constantes a lo largo del tiempo. En otras palabras, la matriz de transición que describe las probabilidades de moverse de un estado a otro no cambia con el tiempo, lo que simplifica el análisis y modelado de la cadena.

  Ejemplo 5. ***Provisión de camas en un hospital.***

  En la UCI de un determinado hospital, cada paciente es clasificado de acuerdo a su estado de salud en: crítico, grave o estable. Estas clasificaciones son actualizadas cada mañana de acuerdo a la evaluación experimentada por el paciente. Las probabilidades con las que cada paciente pasa de un estado a otro se resumen en la siguiente tabla:

	Crítico	***Grave***	***Estable***
Crítico	*0.5*	*0.3*	*0.2*
Grave	*0.3*	*0.4*	*0.3*
Estable	*0.2*	*0.3*	*0.5*

Se pide:

1. *Probabilidad de que un paciente en estado crítico el jueves esté estable el sábado.*
2. *Probabilidad de que un paciente estable el miércoles no esté estable el viernes.*
3. *Porcentaje de UCI que debería ser reservado para pacientes en estado crítico.*

Llamando $X_n = [C_n, G_n, E_s]$ a la variable aleatoria que representa el estado de un paciente cualquiera el día n, cuyos valores posibles son crítico, grave y estable, respectivamente, se cumple:

$$X_n = \begin{pmatrix} 0.5 & 0.3 & 0.2 \\ 0.3 & 0.4 & 0.3 \\ 0.2 & 0.3 & 0.5 \end{pmatrix} X_{n-1} = AX_{n-1},$$

donde X_{n-1} representa el estado del paciente el día anterior y A es la matriz de probabilidad cuyas filas, que suman 1, son las probabilidades de que cada paciente esté en cada uno de los estados.

La probabilidad de que un paciente en estado crítico el jueves esté estable el sábado es la probabilidad de pasar del estado crítico al estable en dos etapas (días), es decir

$$X_1 = AX_0, \;\; X_2 = AX_1, o \;\; X_2 = A^2X_0$$

siendo en este caso $X_0 = \begin{pmatrix} 1 \\ 0 \\ 0 \end{pmatrix}$. Por tanto:

$$X_1 = \begin{pmatrix} 0.5 & 0.3 & 0.2 \\ 0.3 & 0.4 & 0.3 \\ 0.2 & 0.3 & 0.5 \end{pmatrix} \begin{pmatrix} 1 \\ 0 \\ 0 \end{pmatrix} = \begin{pmatrix} 0.5 \\ 0.3 \\ 0.2 \end{pmatrix},$$

$$X_2 = \begin{pmatrix} 0.5 & 0.3 & 0.2 \\ 0.3 & 0.4 & 0.3 \\ 0.2 & 0.3 & 0.5 \end{pmatrix} \begin{pmatrix} 0.5 \\ 0.3 \\ 0.2 \end{pmatrix} = \begin{pmatrix} 0.38 \\ 0.33 \\ \mathbf{0.29} \end{pmatrix}$$

Por lo que la probabilidad de pasar de crítico a estable en dos días es de 0.29.

Para calcular la probabilidad de que un paciente estable el miércoles no esté estable dos días después, se hacen los mismos cálculos que en el caso anterior, pero partiendo de otro estado inicial:

$$X_1 = \begin{pmatrix} 0.5 & 0.3 & 0.2 \\ 0.3 & 0.4 & 0.3 \\ 0.2 & 0.3 & 0.5 \end{pmatrix} \begin{pmatrix} 0 \\ 0 \\ 1 \end{pmatrix} = \begin{pmatrix} 0.2 \\ 0.3 \\ 0.5 \end{pmatrix},$$

$$X_2 = \begin{pmatrix} 0.5 & 0.3 & 0.2 \\ 0.3 & 0.4 & 0.3 \\ 0.2 & 0.3 & 0.5 \end{pmatrix} \begin{pmatrix} 0.2 \\ 0.3 \\ 0.5 \end{pmatrix} = \begin{pmatrix} \mathbf{0.29} \\ \mathbf{0.33} \\ 0.38 \end{pmatrix}$$

de lo que resulta que la probabilidad de no estar estable es la suma de las probabilidades de estar crítico o grave, es decir, 0.62.

Para calcular el porcentaje de UCI que debería ser reservado para pacientes en estado crítico se debe estudiar el problema a largo plazo, independientemente de la distribución inicial.

Teniendo en cuenta que

$$\begin{aligned} X_n &= AX_{n-1}, \\ X_{n-1} &= AX_{n-2}, \\ &\dots \\ X_1 &= AX_0, \end{aligned}$$

resulta $X_n = A^n X_0$.

Para calcular A^n se utiliza la igualdad $A = PDP^{-1}$, donde P es la matriz cuyas columnas son los vectores propios de A y D la matriz diagonal de valores propios:

$$D = \begin{pmatrix} 1 & 0 & 0 \\ 0 & 0.3 & 0 \\ 0 & 0 & 0.1 \end{pmatrix}, \quad P = \begin{pmatrix} 1 & -1 & 1 \\ 1 & 0 & -2 \\ 1 & 1 & 1 \end{pmatrix}$$

con lo que

$$\lim_{n\to\infty} X_n = P(\lim_{n\to\infty} D^n)P^{-1} = \begin{pmatrix} 0.33 & 0.33 & 0.33 \\ 0.33 & 0.33 & 0.33 \\ 0.33 & 0.33 & 0.33 \end{pmatrix}$$

y, a largo plazo, las probabilidades de estar en estado crítico, grave y estable son 0.33, 0.33 y 0.33, respectivamente, por lo que se debería reservar un $33\,\%$ de camas UCI en el hospital.

Resolución Generalizada de Problemas Lineales

2.1. Problemas directos e inversos

Científicos e ingenieros necesitan relacionar las magnitudes físicas que caracterizan un modelo, **x**, con las observaciones que constituyen un conjunto de datos, **b**. Por lo general, se supondrá que **x** y **b** están relacionados de la forma

$$A(\mathbf{x}) = \mathbf{b} \tag{2.1}$$

Figura 2.1: Esquema de un problema directo

A partir de la igualdad (2.1) surgen tres tipos de problemas:

- **Problema directo** o de predicción: consiste en calcular la *respuesta*, **b**, proporcionada por las componentes de **x**, conocido el operador A que representa el modelo del sistema bajo estudio.
- **Problema inverso** o de identificación: calcular **x**, dados el modelo A y los datos **b**. Desde el punto de vista físico o experimental, un problema inverso evalúa una cierta magnitud **x**, inaccesible mediante experimentos, a partir de la medida de otra **b**, obtenida experimentalmente y relacionada con **x** mediante el problema directo. Se puede decir que resolver un problema inverso es determinar la causa a partir de su efecto. Con el enfoque matemático, los problemas inversos se dividen en dos grupos:

  - *lineales*: si y sólo si el problema directo asociado es lineal. Los problemas lineales verifican el principio de superposición

  $$A(\mathbf{x}_1 + \mathbf{x}_2) = A(\mathbf{x}_1) + A(\mathbf{x}_2) \tag{2.2}$$

  y de escalado

  $$A(\alpha\mathbf{x}) = \alpha A(\mathbf{x}). \tag{2.3}$$

Si el problema es lineal, puede escribirse en forma de un sistema lineal de ecuaciones

$$A\mathbf{x} = \mathbf{b}$$

donde A es una matriz.

- *no lineales*: cuando no son lineales.

- **Problema de identificación de parámetros**: calcular **a** $= (a_1, a_2, \ldots, a_n)$, parámetros del modelo A, conocidos los datos **x** y **b**.

  El problema de identificación de parámetros se centra específicamente en encontrar los valores óptimos o más adecuados para los parámetros de un modelo matemático o físico. En este caso, se asume que el modelo es conocido o está previamente definido, y la tarea consiste en estimar los valores de los parámetros **a** que mejor se ajusten a los datos observados **b** o que reproduzcan las características deseadas del fenómeno estudiado $A\mathbf{x} = \mathbf{b}$.

Algunos campos en los que los problemas inversos tienen un papel especialmente importante son, entre otros:

- métodos geofísicos e ingeniería del petróleo (prospección por métodos sísmicos, magnéticos, identificación del campo de permeabilidades en un reservorio,...);
- hidrogeología (identificación de permeabilidades hidráulicas, condiciones de contorno, ...);
- problemas de ajuste (regresión lineal y no lineal);
- tratamiento de imágenes y biometría (restauración de imágenes borrosas e identificación de patrones);
- biomedicina y métodos de imágenes médicas (ecografía, escáner, rayos X, tomografía eléctrica ...).

2.2. Incertidumbre en la solución de un problema inverso

Las causas más comunes del mal planteamiento de un problema inverso son las siguientes:

1. **Errores de medida en los datos**, lo que se traduce en inestabilidades en la solución cuando el problema inverso se resuelve como un problema de optimización, ya que el ruido en los datos, en ausencia de regularización, proporciona soluciones espurias. Esta circunstancia se explicará con más detalle para el caso de los problemas inversos lineales cuando se analice la matriz pseudoinversa de Moore-Penrose.

2. **Número de datos observados finito**, por razones de cobertura espacial y de tipo económico. En el problema inverso continuo el dato es una función (infinito número de incógnitas), por lo que el muestreo parcial del espacio de datos genera ambigüedades en la reconstrucción de la solución.

3. **Discretización del problema continuo** para su resolución numérica, ya que normalmente los problemas inversos son formulados en espacios de dimensión infinita.

4. El **modelo matemático** que rige el problema directo es una idealización de la realidad y se obtiene a partir de hipótesis que la simplifican.

5. **Existencia de diferentes escalas** en el sistema físico bajo estudio, es decir, los parámetros del modelo poseen varios niveles de resolución, y los datos observados no suelen informar sobre los parámetros que se encuentran a mayor resolución.

Desde un punto de vista práctico esto significa que dado un conjunto de datos observados, **b**, existe una familia de soluciones **x** que predicen dichos datos con el mismo error, medido éste en una cierta norma. Esta familia de modelos transforma la incertidumbre de un problema inverso en un problema de toma de decisiones.

2.3. Problemas bien y mal planteados

Los problemas inversos pueden clasificarse en dos grandes grupos atendiendo al carácter de la solución: los que admiten una única solución **x**, que depende continuamente de los datos, y los que no admiten solución, admiten más de una, o la solución no depende continuamente de los datos. Los primeros reciben el nombre de problemas *bien planteados* y pueden resolverse, de manera exacta o aproximada, por métodos clásicos. Éste no suele ser el caso de los problemas inversos.
El matemático francés Jacques Hadamard introdujo, en 1923, el concepto de *problema bien planteado* refiriéndose a aquellos problemas que cumplían los siguientes requisitos:

- Siempre tienen solución (Existencia).
- La solución es única (Unicidad).
- Un pequeño cambio en los datos conduce a un pequeño cambio en la solución, es decir, la solución es robusta frente al ruido en los datos (Estabilidad).

Hadamard enunció también que sólo un problema *bien planteado* puede modelizar correctamente un fenómeno físico. En esta definición, Hadamard se refiere obviamente al problema directo. Al resto de los problemas los denominó *mal planteados* y, en oposición a los *bien planteados*, no cumplen todas las condiciones anteriores.
El concepto de problema bien planteado también puede formularse en espacios normados como sigue:

Definición 2. *Sean $\mathcal{X}$ e $\mathcal{Y}$ dos espacios normados (espacios vectoriales en los que se ha definido explícitamente una norma vectorial) y sea F un operador, que puede ser lineal o no lineal,*

$$F : \mathcal{X} \longrightarrow \mathcal{Y}.$$

La ecuación

$$Fx = y,$$

se dice bien planteada si tiene las siguientes propiedades:

- *Existencia: Para todo $y \in \mathcal{Y}$, existe al menos un $x \in \mathcal{X}$ tal que $Fx = y$.*
- *Unicidad: Para todo $y \in \mathcal{Y}$, existe un único $x \in \mathcal{X}$ que satisface $Fx = y$.*
- *Estabilidad: La solución x depende con continuidad de los datos, es decir, para toda sucesión $\{x_n\} \subset \mathcal{X}$ tal que $Fx_n \to Fx$, cuando $n \to \infty$, se tiene que $x_n \to x$, cuando $n \to \infty$.*

2.3.1. Condiciones de Hadamard mediante ejemplos

La resolución de un sistema de ecuaciones lineales $A\mathbf{x} = \mathbf{b}$, con $A \in M_{m\times n}(\mathbb{R})$, $\mathbf{x} \in \mathbb{R}^n$ y $\mathbf{b} \in \mathbb{R}^m$ es equivalente a determinar **x**, por lo que deben analizarse tres aspectos:

Existencia

La solución existe si y sólo si $\mathbf{b} \in Col(A)$, ya que

$$A\mathbf{x} = x_1\mathbf{A}^1 + x_2\mathbf{A}^2 + ... + x_n\mathbf{A}^n \in Col(A)$$

donde $Col(A) = \langle \mathbf{A}^1, \mathbf{A}^2, \ldots, \mathbf{A}^n \rangle$ es el espacio generado por las columnas de A.

Ejemplo 6. *Dados* $A = \begin{pmatrix} 1 & -1 \\ 0 & 2 \end{pmatrix}$ *y* $\boldsymbol{b} = \begin{pmatrix} 1 \\ 2 \end{pmatrix}$, *analizar la existencia de solución del sistema de ecuaciones* $A\boldsymbol{x} = \boldsymbol{b}$.

Se puede escribir:

$$A\mathbf{x} = \begin{pmatrix} 1 & -1 \\ 0 & 2 \end{pmatrix} \begin{pmatrix} x_1 \\ x_2 \end{pmatrix} = \begin{pmatrix} x_1 - x_2 \\ 0x_1 + 2x_2 \end{pmatrix} = x_1 \underbrace{\begin{pmatrix} 1 \\ 0 \end{pmatrix}}_{\mathbf{A}^1} + x_2 \underbrace{\begin{pmatrix} -1 \\ 2 \end{pmatrix}}_{\mathbf{A}^2} = \mathbf{b}$$

En este caso, $Col(A) = \mathbb{R}^n \Longrightarrow \mathbf{b} \in Col(A), \forall\, \mathbf{b} \in \mathbb{R}^n$, y el sistema tiene solución para cualquier vector de datos **b**.
Si $\mathbf{b} \notin Col(A)$, entonces el sistema es incompatible (no tiene solución) porque **b** no puede expresarse como una combinación lineal de las columnas de A:

$$\nexists \mathbf{x} \in \mathbb{R}^n \text{ tal que } A\mathbf{x} = \mathbf{b}.$$

Unicidad

El estudio de la unicidad supone que la solución existe y, por tanto, se cumple $\mathbf{b} \in Col(A)$. La unicidad de solución está condicionada por la independencia lineal de las columnas de la matriz A, es decir, si las columnas de A son independientes, ($rg(A) = n$), existe una única forma de expresar **b** como combinación lineal de las columnas de A.
Teniendo en cuenta que el espacio nulo de A es

$$Ker(A) = \{\mathbf{x} \in \mathbb{R}^n \mid A\mathbf{x} = \mathbf{0}_{\mathbb{R}^m}\} \subset \mathbb{R}^n$$

y se cumple que

$$dim(Ker(A)) + rg(A) = n,$$

si $rg(A) < n$, o equivalentemente, $dim(Ker(A)) > 0$, implica

$$\exists \mathbf{x} \in Ker(A), \quad \mathbf{x} \neq \mathbf{0}_{\mathbb{R}^n}.$$

En este caso, el espacio nulo contiene vectores no nulos que no aportan nada a la predicción. Si $\mathbf{x}_p$ es una solución del problema y $\mathbf{w} \in Ker(A)$,

$$A\mathbf{x}_p = \mathbf{b},$$
$$A\mathbf{w} = \mathbf{0}_{\mathbb{R}^m}$$

entonces $\mathbf{x}_p + \mathbf{w}$ es también solución del problema, ya que

$$A(\mathbf{x}_p + \mathbf{w}) = A\mathbf{x}_p + A\mathbf{w} = \mathbf{b} + \mathbf{0}_{\mathbb{R}^m} = \mathbf{b}.$$

Resulta que si $dim(Ker(A)) > 0$, el problema tiene infinitas soluciones, siendo el conjunto de las soluciones

$$X_{sol} = \mathbf{x}_p + Ker(A)$$

una variedad lineal que pasa por la solución particular $\mathbf{x}_p$ y está orientada por el espacio vectorial $Ker(A)$. Por otro lado, la solución es única si y sólo si $Ker(A) = \{\mathbf{0}\} \in \mathbb{R}^n$.

Ejemplo 7. *Dado el problema lineal $A\mathbf{x} = \mathbf{b}$:*

$$\underbrace{\begin{pmatrix} 1 & -1 & 0 \\ 0 & 2 & 2 \end{pmatrix}}_{A} \underbrace{\begin{pmatrix} x_1 \\ x_2 \\ x_3 \end{pmatrix}}_{\mathbf{x}} = \underbrace{\begin{pmatrix} -1 \\ 10 \end{pmatrix}}_{\mathbf{b}},$$

estudiar la unicidad de solución.

En primer lugar, se estudia la existencia de solución comprobando si $\mathbf{b} \in Col(A)$, es decir, si $\mathbf{b}$ puede expresarse como combinación lineal de las columnas de A:

$$\mathbf{b} = 4 \underbrace{\begin{pmatrix} 1 \\ 0 \end{pmatrix}}_{\mathbf{A}^1} + 5 \underbrace{\begin{pmatrix} -1 \\ 2 \end{pmatrix}}_{\mathbf{A}^2}.$$

Por tanto, la solución existe.
La unicidad se estudiará de dos maneras:

1. Analizando la independencia de las columnas de A. Se cumple que

$$\underbrace{\begin{pmatrix} 1 \\ 0 \end{pmatrix}}_{\mathbf{A}^1} + \underbrace{\begin{pmatrix} -1 \\ 2 \end{pmatrix}}_{\mathbf{A}^2} - \underbrace{\begin{pmatrix} 0 \\ 2 \end{pmatrix}}_{\mathbf{A}^3} = \mathbf{0}$$

   Por tanto las columnas son linealmente dependientes, lo que implica que no existe unicidad de solución.

2. Calculando el espacio nulo de A:

$$\begin{pmatrix} 1 & -1 & 0 \\ 0 & 2 & 2 \end{pmatrix} \sim \begin{pmatrix} 1 & -1 & 0 \\ 0 & 1 & 1 \end{pmatrix} \Longrightarrow \left\{ \begin{array}{l} x_1 - x_2 = 0 \\ x_2 + x_3 = 0 \end{array} \right. \quad \left\{ \begin{array}{l} x_1 = -\alpha \\ x_2 = -\alpha \\ x_3 = \alpha \end{array} \right. ,\alpha \in \mathbb{R}$$

   Por tanto,

$$Ker(A) = \langle(-1, -1, 1)\rangle \neq \mathbf{0}_{\mathbb{R}^3}$$

   y la solución del problema no es única.

Se resuelve el sistema completo para obtener la variedad lineal que forma el conjunto de las soluciones del sistema:

$$\left(\begin{array}{ccc|c} 1 & -1 & 0 & -1 \\ 0 & 2 & 2 & 10 \end{array}\right) \sim \left(\begin{array}{ccc|c} 1 & -1 & 0 & -1 \\ 0 & 1 & 1 & 5 \end{array}\right) \sim \left(\begin{array}{ccc|c} 1 & 0 & 1 & 4 \\ 0 & 1 & 1 & 5 \end{array}\right) \Longrightarrow \left\{ \begin{array}{l} x_1 = 4 - \alpha \\ x_2 = 5 - \alpha \\ x_3 - \alpha \end{array} \right. ,\alpha \in \mathbb{R}$$

que se puede expresar como

$$X_{sol} = \mathbf{x}_p + Ker(A), \quad \mathbf{x}_p = \begin{pmatrix} 4 \\ 5 \\ 0 \end{pmatrix}$$

Estabilidad

Suponiendo que $\exists!\mathbf{x}$ tal que $A\mathbf{x} = \mathbf{b}$, el problema se dice *estable* si y sólo si pequeñas perturbaciones en los datos generan pequeñas perturbaciones en la solución

$$A(\mathbf{x} + \delta\mathbf{x}) = \mathbf{b} + \delta\mathbf{b}, \quad \text{y} \quad \delta\mathbf{b} \to 0 \Longrightarrow \delta\mathbf{x} \to 0$$

o, en otras palabras, si la solución $\mathbf{x}$ depende continuamente de $\mathbf{b}$.
Suponiendo que en el sistema $A\mathbf{x} = \mathbf{b}$ la matriz A es cuadrada e invertible, el sistema admite una única solución $\mathbf{x} = A^{-1}\mathrm{b}$. Si se modifica ligeramente el dato y se obtiene $\widehat{\mathbf{b}}$, el nuevo sistema perturbado es $A\widehat{\mathbf{x}} = \widehat{\mathbf{b}}$, y para medir la diferencia entre la solución del sistema inicial y del perturbado, se calcula la distancia relativa entre ambas soluciones, que cumple

$$\frac{\|\mathbf{x} - \widehat{\mathbf{x}}\|}{\|\mathbf{x}\|} \leq \kappa(A)\frac{\|\mathbf{b} - \widehat{\mathbf{b}}\|}{\|\mathbf{b}\|},$$

es decir, la distancia relativa entre ambas soluciones es menor o igual que la distancia relativa entre los segundos miembros respectivos multiplicada por un factor $\kappa(A) = \|A^{-1}\|\|A\|$ que se denomina *número de condición de la matriz* A y que proporciona una idea sobre el comportamiento del sistema frente a pequeñas perturbaciones en los datos. Si $\kappa(A)$ es grande ($\kappa(A) \gg 1$), el sistema está *mal condicionado*, y un pequeño cambio en el segundo miembro b se traduce en un gran cambio en la solución $\mathbf{x}$, de modo que los métodos de resolución pueden proporcionar soluciones totalmente espurias. Por el contrario, si $\kappa(A)$ es pequeño ($\kappa(A)$ próximo a 1), el sistema está *bien condicionado* y las dos soluciones, del sistema original y del perturbado, son muy parecidas. Por ejemplo, en el caso de un sistema $A\mathbf{x} = \mathbf{b}$ donde

$$A = \begin{pmatrix} 1 & 1 \\ 1 & 1+\varepsilon \end{pmatrix} \text{ y } A^{-1} = \frac{1}{\varepsilon}\begin{pmatrix} 1+\varepsilon & -1 \\ -1 & 1 \end{pmatrix},$$

cuando $\varepsilon \to 0$, el número de condición de la matriz A es $\kappa(A) = \dfrac{2 + |\varepsilon|^2}{|\varepsilon|}$, que claramente tiende a infinito, por lo que se trata de un sistema muy mal condicionado. Se observa también que este comportamiento está relacionado con que la matriz A es casi deficiente en rango, es decir, las dos rectas que forman el sistema son casi paralelas, por lo que su intersección es difícil de determinar.
En el caso de que la matriz del sistema $A\mathbf{x} = \mathbf{b}$ sea rectangular, $A \in \mathcal{M}_{m\times n}(\mathbb{R})$, el número de condición, utilizando la norma-2 es

$$\kappa(A) = \|A\|_2\|A^\dagger\|_2 = \sqrt{\rho(A^TA)}\,\sqrt{\rho((A^TA)^\dagger)} = \frac{\sigma_1}{\sigma_r}, \tag{2.4}$$

donde $\rho(A^TA)$ y $\rho((A^TA)^\dagger)$ son los máximos valores propios de A^TA y $(A^TA)^\dagger$, que en este caso son números positivos, y σ_1 y σ_r son, respectivamente, el mayor y el menor valor singular de A (ver la sección 2.5.1). El símbolo † denota la pseudoinversa de una matriz, de la que se hablará más adelante en la sección 2.5.2.

Ejemplo 8. *Se considera el problema lineal:*

$$\begin{pmatrix} a_{11} & a_{12} \\ a_{21} & a_{22} \end{pmatrix}\begin{pmatrix} x_1 \\ x_2 \end{pmatrix} = \begin{pmatrix} b_1 \\ b_2 \end{pmatrix}$$

y se pide analizar su estabilidad, para diferentes valores de $\kappa(A)$, *con* $rg(A) = 2$.

El sistema es compatible determinado porque el rango de A es máximo. Se considerarán tres casos, de rectas que se cortan en el punto de coordenadas $(1, 2)$, pero con diferentes números de condición de la matriz A:

1. **Caso 1**. Matriz A con $\kappa(A)$ próximo a 1.

$$\begin{pmatrix} 1 & -1 \\ 1 & 3 \end{pmatrix}\begin{pmatrix} x_1 \\ x_2 \end{pmatrix} = \begin{pmatrix} -1 \\ 7 \end{pmatrix} \Longrightarrow \kappa(A) = 2.6$$

2. **Caso 2**. Matriz A con $\kappa(A) = 1$ (condicionamiento perfecto), para lo que la matriz A debe ser ortogonal y, por tanto, las rectas perpendiculares

$$\frac{1}{\sqrt{2}}\begin{pmatrix} 1 & -1 \\ 1 & 1 \end{pmatrix}\begin{pmatrix} x_1 \\ x_2 \end{pmatrix} = \frac{1}{\sqrt{2}}\begin{pmatrix} -1 \\ 3 \end{pmatrix}.$$

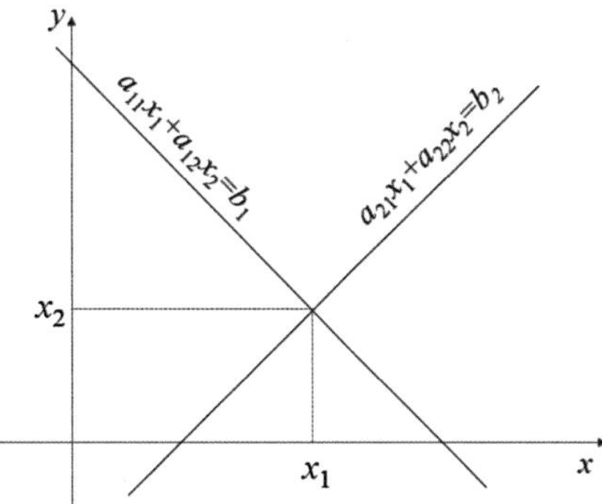

Figura 2.2: Condicionamiento perfecto: rectas perpendiculares

3. **Caso 3**. Matriz A con $\kappa(A)$ muy elevado. En este caso, aunque la matriz A es de rango máximo, sus filas son casi dependientes (proporcionales) y, en la práctica, se trabaja como si fuese deficiente en rango:

$$\begin{pmatrix} 1 & -1 \\ 1 & -1-10^{-6} \end{pmatrix}\begin{pmatrix} x_1 \\ x_2 \end{pmatrix} = \begin{pmatrix} -1 \\ -1-2\cdot 10^{-6} \end{pmatrix}, \quad \kappa(A) = 3\times 10^{16}$$

La solución sigue siendo $\mathbf{x} = (1, 2)$ porque $A\mathbf{x} = \mathbf{b}$, pero el cálculo de la inversa de la matriz A es muy inestable ya que la matriz es casi singular. Para calcular una solución estable, deben utilizarse algunas de las técnicas de regularización que se citarán más adelante.

2.4. Clasificación de problemas lineales

En un problema lineal $A\mathbf{x} = \mathbf{b}$, donde $A \in M_{m\times n}(\mathbb{R})$, intervienen los espacios vectoriales $\mathbb{R}^n$ (*espacio de modelos*) y $\mathbb{R}^m$ (*espacio de datos*), que cumplen:

$$\mathbb{R}^n = Col(A^T) \oplus Ker(A), \quad \mathbb{R}^m = Col(A) \oplus Ker(A^T). \tag{2.5}$$

En la terminología de los problemas inversos, el sistema $A\mathbf{x} = \mathbf{b}$ es *sobredeterminado* si $m > n$, *subdeterminado* si $n > m$ y *determinado* si $n = m$. Además, si la matriz A es de rango máximo ($r = rg(A) = \text{mín}(m, n)$), el sistema recibe el nombre de *puramente sobredeterminado* o *puramente subdeterminado*. Atendiendo al valor relativo de r en comparación con los valores de m y n, los sistemas se clasificarán en dos tipos:

- Sistemas cuya matriz A es de rango máximo: $r = \text{mín}(m, n)$
- Sistemas deficientes en rango: $r < \text{mín}(m, n)$

2.4.1. Sistemas con matriz de rango máximo

Atendiendo al tamaño de la matriz A, se distinguen los siguientes tipos de sistemas:

Sistemas puramente sobredeterminados $r = n < m$

Como ya se ha visto en el problema de ajuste, (1.2), el sistema $A\mathbf{x} = \mathbf{b}$ es incompatible ya que $\mathbf{b} \notin Col(A)$. Por tanto, se calcula la solución aproximada de mínimos cuadrados

$$\mathbf{x}_{MC} = (A^T A)^{-1} A^T \mathbf{b}. \tag{2.6}$$

para la que existe un residuo o error de predicción

$$\mathbf{e} = A\mathbf{x}_{MC} - \mathbf{b} \neq \mathbf{0}, \tag{2.7}$$

cuya norma es mínima.
El *sistema de ecuaciones normales*, $A^T A\mathbf{x}_{MC} = A^T\mathbf{b}$, es compatible determinado por ser $A^T A$ de rango máximo.
La matriz $A^\dagger = (A^T A)^{-1} A^T$ recibe el nombre de matriz *pseudoinversa a la izquierda* de A. Si además A es inversible, entonces $A^\dagger = A^{-1}$ y la solución de mínimos cuadrados es solución del sistema $A\mathbf{x} = \mathbf{b}$.

Sistemas puramente subdeterminados $m < n$

En este caso se cumple $(rg(A) = rg(A|\mathbf{b}))$, es decir, $\mathbf{b} \in Col(A)$ y el sistema es compatible $\forall \mathbf{b} \in \mathbb{R}^m$. Según el teorema de Rouché-Fröbenius, el sistema $A\mathbf{x} = \mathbf{b}$ es compatible indeterminado, siendo $dim(Ker(A)) = n - m$.
Además, cualquier solución puede escribirse de la forma

$$\mathbf{x} = \mathbf{x}_p + \mathbf{w}, \quad \mathbf{x}_p \in Col(A^T), \quad \mathbf{w} \in Ker(A),$$

donde $\mathbf{x}_p$ denota una solución particular del sistema, y se cumple (teorema de Pitágoras)

$$\|\mathbf{x}\|^2 = \|\mathbf{x}_p\|^2 + \|\mathbf{w}\|^2.$$

al ser $Col(A^T) \perp Ker(A)$.
De todas las soluciones posibles, interesa buscar la *solución de norma mínima*, $\mathbf{x}_{NM}$, que es aquella cuya componente según $Ker(A)$ es nula. La solución de norma mínima verifica

$$\mathbf{x}_{NM} \in Col(A^T) \Longrightarrow \exists \mathbf{z} \text{ tal que } \mathbf{x}_{NM} = A^T\mathbf{z},$$

y por ser también solución del sistema $A\mathbf{x} = \mathbf{b}$, se cumple

$$A\mathbf{x}_{NM} = AA^T\mathbf{z} = \mathbf{b}, \quad \text{o bien} \quad \mathbf{z} = (AA^T)^{-1}\mathbf{b},$$

con lo que la solución de norma mínima es

$$\mathbf{x}_{NM} = A^T(AA^T)^{-1}\mathbf{b}. \tag{2.8}$$

La matriz $A^\dagger = A^T(AA^T)^{-1}$ recibe el nombre de matriz *pseudoinversa a la derecha* de A. Si además A es inversible, entonces $A^\dagger = A^{-1}$ y la solución de norma mínima es solución del sistema $A\mathbf{x} = \mathbf{b}$.

Sistemas determinados $m = n$

En este caso la matriz A es cuadrada $A \in \mathcal{M}_{n\times n}(\mathbb{R})$ y, como $rg(A) = n$, tiene inversa. Por tanto estos problemas tienen siempre solución única

$$\mathbf{x} = A^{-1}\mathbf{b}$$

2.4.2. Sistemas con matriz deficiente en rango

Atendiendo al tamaño de la matriz A, se distinguen los siguientes tipos de sistemas:

Sistemas sobredeterminados $n < m.$

En este caso, $rg(A^TA) = r < n$ y $\nexists(A^TA)^{-1}$ ya que $Ker(A^TA) = Ker(A)$ tiene dimensión $n - r > 0$. El sistema de ecuaciones normales

$$A^TA\mathbf{x}_{MC} = A^T\mathbf{b}$$

admite infinitas soluciones que pertenecen a una variedad lineal cuyo espacio director es $Ker(A^TA)$, que pueden expresarse de la forma

$$\mathbf{x}_{MC} = \mathbf{x}_p^{MC} + Ker(A)$$

donde $\mathbf{x}_p^{MC}$ es una solución particular.
Finalmente, se calcula la solución de norma mínima de mínimos cuadrados, $\mathbf{x}_{MC}^{NM}$, es decir, la solución que no posee componente en $Ker(A)$.

Sistemas subdeterminados $m < n.$

En este caso, $rg(A^TA) = r < m$ y $dim(Ker(A^TA)) = n - r$ por lo que el sistema original $A\mathbf{x} = \mathbf{b}$ puede ser incompatible. En caso de ser compatible, la solución de norma mínima (2.8) no es única ya que, al ser $Ker(AA^T)$ no trivial, si se suma a una solución del sistema cualquiera de los vectores no nulos de $Ker(AA^T)$, el resultado es otra solución del sistema.

Sistema singulares $m = n.$

En este caso, $dim(Ker(A)) = n - r$ y el sistema de ecuaciones normales tiene más de una solución ya que $Ker(A)$ no es trivial. Como el sistema es incompatible, se resuelve mediante la matriz pseudoinversa de Moore-Penrose, que se verá más adelante.
En general, independientemente de los valores de m y n, para los sistemas deficientes en rango $rg(A) = r < min(m, n)$ la pseudoinversa de Moore-Penrose proporciona la solución de norma mínima del sistema de mínimos cuadrados asociado.

Resumen

Dado un sistema lineal de ecuaciones $A\mathbf{x} = \mathbf{b}$, pueden contemplarse los siguientes casos:

1. Sistemas puramente sobredeterminados

    - La matriz A^TA es inversible

$$\mathbf{x}_{MC} = (A^TA)^{-1}A^T\mathbf{b}.$$

    - La matriz A^TA está mal condicionada

$$\mathbf{x} = (A^TA + \varepsilon^2 I_n)^{-1}A^T\mathbf{b}.$$

2. Sistemas puramente subdeterminados

   - La matriz AA^T es inversible

$$\mathbf{x}_{MC} = A^T(AA^T)^{-1}\mathbf{b}.$$

   - La matriz AA^T está mal condicionada

$$\mathbf{x} = A^T(AA^T + \varepsilon^2 I_m)^{-1}\mathbf{b}.$$

3. Sistemas puramente determinados

   - La matriz A es inversible

$$\mathbf{x} = A^{-1}\mathbf{b}.$$

   - La matriz A está mal condicionada

$$\mathbf{x} = (A + \varepsilon^2 I_n)^{-1}\mathbf{b}.$$

4. Sistemas deficientes en rango

$$\mathbf{x} = A^\dagger\mathbf{b},$$

   donde $A^\dagger$ es la matriz pseudoinversa de A.

2.5. La matriz pseudoinversa de Moore Penrose

La matriz pseudoinversa surge como una solución generalizada al problema de encontrar soluciones a sistemas de ecuaciones lineales que podrían no tener una solución única o incluso no tener solución. Estos sistemas son comunes en la vida real, especialmente en situaciones en las que debemos lidiar con datos ruidosos o incompletos. La magia de la matriz pseudoinversa de Moore-Penrose radica en su capacidad para proporcionar una solución óptima en el sentido de mínimos cuadrados. Por ejemplo, dado el siguiente sistema

$$\begin{cases} x + 2y + 3z & = 6 \\ 2x + 4y + 6z & = 12 \\ 3x + 6y + 9z & = 15 \end{cases}$$

que se puede escribir en forma matricial $A\mathbf{x} = \mathbf{b}$ como:

$$\begin{pmatrix} 1 & 2 & 3 \\ 2 & 4 & 6 \\ 3 & 6 & 9 \end{pmatrix} \begin{pmatrix} x \\ y \\ z \end{pmatrix} = \begin{pmatrix} 6 \\ 12 \\ 15 \end{pmatrix}$$

no tiene solución debido a que no existe A^{-1} porque la matriz es deficiente en rango ($rg(A) = 1$). En cambio, se puede utilizar la matriz pseudoinversa de Moore-Penrose para encontrar una solución única. La matriz pseudoinversa de Moore-Penrose de A es:

$$A^\dagger = \frac{1}{196}\begin{pmatrix} 1 & 2 & 3 \\ 2 & 4 & 6 \\ 3 & 6 & 9 \end{pmatrix}$$

por lo que la solución única se puede encontrar utilizando la fórmula:

$$\mathbf{x} = A^{\dagger}\mathbf{b} = A^{\dagger}\begin{pmatrix} 6 \\ 12 \\ 15 \end{pmatrix} = \frac{1}{196}\begin{pmatrix} 75 \\ 150 \\ 225 \end{pmatrix}$$

A continuación, se explorará el proceso de cálculo de la matriz pseudoinversa, denotada como $A^{\dagger}$.

2.5.1. SVD - Singular Value Decomposition

La Descomposición en Valores Singulares (SVD, por sus siglas en inglés, Singular Value Decomposition) es una poderosa técnica matemática aplicable a un amplio espectro de problemas, desde la compresión de imágenes y la reducción de ruido en señales hasta su uso en aprendizaje automático y mucho más. De hecho, una de sus aplicaciones más notables es en el cálculo de la matriz pseudoinversa de Moore-Penrose.

Dada cualquier matriz $A \in \mathcal{M}_{m\times n}(\mathbb{R})$, la SVD permite realizar su factorización de la siguiente manera:

$$A = U\Sigma V^T,$$

donde:

- $U = [\mathbf{u}_1, \dots, \mathbf{u}_m] \in \mathcal{M}_{m\times m}(\mathbb{R})$, matriz ortogonal, cuyas columnas $\mathbf{u}_1, \dots, \mathbf{u}_m$ son una base de vectores propios de $\mathbb{R}^m$ obtenida a partir de la diagonalización de AA^T.
- $V = [\mathbf{v}_1, \dots, \mathbf{v}_n] \in \mathcal{M}_{n\times n}(\mathbb{R})$, matriz ortogonal, cuyas columnas $\mathbf{v}_1, \dots, \mathbf{v}_n$ son una base de vectores propios de $\mathbb{R}^n$ obtenida a partir de la diagonalización de A^TA.
- $\Sigma \in \mathcal{M}_{m\times n}$, matriz diagonal por bloques:

$$\Sigma = \left(\begin{array}{ccc|c} \sigma_1 & \cdots & 0 & \\ & \ddots & & O_{r\times n-r} \\ 0 & \cdots & \sigma_r & \\ \hline & O_{m-r\times r} & & O_{m-r\times n-r} \end{array}\right), \text{ con } r = rg(A) = rg(\Sigma) \leq \text{mín}(m,n). \quad (2.9)$$

Los valores singulares $\sigma_1, \cdots, \sigma_r$ de la diagonal de la matriz Σ son las raíces cuadradas de los valores propios no nulos $\lambda_1, \dots, \lambda_r$ que resultan de la diagonalización de las matrices AA^T o A^TA:

$$\sigma_1 = \sqrt{\lambda_1}, \cdots, \sigma_r = \sqrt{\lambda_r} \quad (2.10)$$

Para comprobar (2.10), se calcula AA^T:

$$AA^T = U\Sigma V^T(U\Sigma V^T)^T = U\Sigma\Sigma^T U^T$$

Denotando por $D_1 = \Sigma\Sigma^T \in \mathcal{M}_{m\times m}(\mathbb{R})$,

$$D_1 = \Sigma\Sigma^T = \left(\begin{array}{ccc|c} \sigma_1^2 & \cdots & 0 & \\ & \ddots & & O_{r\times m-r} \\ 0 & \cdots & \sigma_r^2 & \\ \hline & O_{m-r\times r} & & O_{m-r\times m-r} \end{array}\right) = \left(\begin{array}{ccc|c} \lambda_1 & .. & 0 & \\ & \ddots & & O_{r\times m-r} \\ 0 & ... & \lambda_r & \\ \hline & O_{m-r\times r} & & O_{m-r\times m-r} \end{array}\right)$$

se obtiene la diagonalización de la matriz AA^T:

$$AA^T = UD_1U^T,$$

cuyos valores propios no nulos son $\lambda_1 = \sigma_1^2, ..., \lambda_r = \sigma_r^2$.

De manera similar, se calcula $A^T A$ a partir de la descomposición en valores singulares de A, para obtener su diagonalización:

$$A^T A = (U\Sigma V^T)^T U\Sigma V^T = V\Sigma^T \Sigma V^T = V D_2 V^T$$

con $D_2 \in \mathcal{M}_{n\times n}(\mathbb{R})$

$$D_2 = \left(\begin{array}{ccc|c} \sigma_1^2 & .. & 0 & \\ & \ddots & & O_{r\times n-r} \\ 0 & ... & \sigma_r^2 & \\ \hline & O_{n-r\times r} & & O_{n-r\times n-r} \end{array}\right) = \left(\begin{array}{ccc|c} \lambda_1 & .. & 0 & \\ & \ddots & & O_{r\times n-r} \\ 0 & ... & \lambda_r & \\ \hline & O_{n-r\times r} & & O_{n-r\times n-r} \end{array}\right)$$

Para calcular los valores singulares de A se elige, entre D_1 y D_2, la de menor tamaño.
A partir de su descomposición en valores singulares, A se puede escribir como:

$$A = U\Sigma V^T = \sum_{k=1}^{r} \sigma_k \mathbf{u}_k \mathbf{v}_k^T.$$

2.5.2. Pseudoinversa de Moore-Penrose

La matriz pseudoinversa de Moore Penrose se denota por $A^\dagger$ y se calcula partiendo de la descomposición en valores singulares (SVD) de la matriz A:

$$A^\dagger = (U\Sigma V^T)^\dagger = (V^T)^\dagger \Sigma^\dagger U^\dagger = V\Sigma^\dagger U^T,$$

donde

$$\Sigma^\dagger = \begin{pmatrix} \Sigma_r^{-1} & 0 \\ 0 & 0 \end{pmatrix}, \quad \Sigma_r^{-1} = \begin{pmatrix} 1/\sigma_1 & 0 & ... & 0 \\ 0 & 1/\sigma_2 & ... & 0 \\ & & ... & \\ 0 & 0 & ... & 1/\sigma_r \end{pmatrix}$$

y, por tanto

$$A^\dagger = \sum_{k=1}^{r} \frac{1}{\sigma_k} \mathbf{v}_k \mathbf{u}_k^T.$$

2.6. Regularización de sistemas lineales

Resolver un sistema de la forma $A\mathbf{x} = \mathbf{b}$, significa encontrar un vector $\mathbf{x}$ de forma que el residuo $\mathbf{r} = \mathbf{b} - A\mathbf{x}$ sea nulo o, al menos, de norma mínima. Sin embargo, cuando el sistema está mal condicionado, los métodos tradicionales de resolución pueden conducir a soluciones muy diferentes de la real, por lo que son necesarios los métodos de regularización para evitar el mal condicionamiento y estabilizar su solución.
Cuando los datos contienen ruido, éste se amplifica debido al mal condicionamiento de la matriz del sistema a través de la matriz pseudoinversa

$$\mathbf{x}^\dagger = A^\dagger \mathbf{b} = V\Sigma^\dagger U^T \mathbf{b} = \sum_{k=1}^{r_l} \frac{b_{U_k}}{\sigma_k} \mathbf{v}_k + \sum_{k=r_l+1}^{r} \frac{b_{U_k}}{\sigma_k} \mathbf{v}_k, \tag{2.11}$$

pudiendo obtenerse soluciones erróneas que contienen componentes de alta frecuencia (σ_i muy pequeños) y son incompatibles con la información a priori de la que se dispone. En la ecuación (2.11), r_l indica el número de vectores propios $\mathbf{v}_k$ que generan la parte estable de la solución, y r el rango de A.
En esta sección se hablará de dos tipos de regularización: por truncamiento y por amortiguamiento.

2.6.1. Regularización por truncamiento

La solución de un sistema $A\mathbf{x} = \mathbf{b}$, obtenida a partir de la matriz inversa generalizada (2.11) es muy inestable cuando uno o más valores singulares σ_i son pequeños. Una posibilidad para lidiar con esta dificultad es la Truncated Singular Value Decomposition (TSVD), que se basa en la descomposición en valores singulares (SVD) de la matriz A, y consiste en truncar la suma para eliminar los vectores singulares $\mathbf{v}_i$ asociados a los valores singulares pequeños. La solución proporcionada por la pseudoinversa con truncamiento es

$$\mathbf{x}_l^\dagger = \sum_{k=1}^{l} \frac{\mathbf{u}_k^T \mathbf{b}}{\sigma_k} \mathbf{v}_k = A_l^\dagger \mathbf{b},$$

donde l es el número de valores singulares que se han preservado y la matriz $A_l^\dagger$ es la pseudoinversa de A_l

$$A_l^\dagger = V \Sigma_l^\dagger U^T, \quad \Sigma_l^\dagger = diag(\sigma_1, \sigma_2, \ldots, \sigma_l, 0, \ldots, 0) \in M_{n\times m}(\mathbb{R})$$

Esta técnica estabiliza, o regulariza, la solución en el sentido de que resulta menos sensible al ruido en los datos. El coste de esta estabilización es que la solución regularizada tiene resolución reducida y ya no es insesgada.

2.6.2. La regularización por amortiguamiento

El conocido como método de regularización de Tikhonov fue desarrollado de forma independiente por Phillips (1962) y Tikhonov (1963) y es una de las técnicas más utilizadas para resolver problemas de mínimos cuadrados mal condicionados. Consiste en agregar un término de penalización a la función objetivo que se está minimizando, con el fin de restringir las soluciones a aquellas que sean suaves o contengan alguna característica conocida a priori.

La regularización de Phillips, también conocida como regularización de Lasso, utiliza la norma L1 de los coeficientes del modelo como término de penalización por su propiedad de ser más propensa a producir coeficientes exactamente iguales a cero, lo que conduce a una selección automática de variables predictoras más relevantes. Esto puede ser útil para realizar una selección automática de variables y reducir la complejidad del modelo, al tiempo que se mejora su interpretabilidad.

La regularización de Tikhonov, también conocida como regularización de Ridge, utiliza la norma euclidiana de los coeficientes del modelo para controlar y limitar su magnitud. Al agregar este término de penalización, se reduce la sensibilidad del modelo a variaciones en los datos de entrenamiento y se evita el sobreajuste. Esta regularización es especialmente útil cuando las variables predictoras están altamente correlacionadas entre sí.

El problema inverso de *mínimos cuadrados*

$$\min_{\mathbf{x}\in\mathcal{M}} \|A\mathbf{x} - \mathbf{b}\|_2, \tag{2.12}$$

es un problema mal condicionado, donde $\mathcal{M}$ denota un conjunto de soluciones posibles que predicen los datos con un error menor que una tolerancia predefinida. Por ello, se añade el término de regularización de Tikhonov, es decir, en lugar de resolver el problema de mínimos cuadrados (2.12), se resuelve el *problema de mínimos cuadrados regularizado*

$$\min_{\mathbf{x}\in\mathcal{M}} \{\|A\mathbf{x} - \mathbf{b}\|_2^2 + \varepsilon^2 \|\mathbf{x}\|_2^2\}, \tag{2.13}$$

donde ε es un *parámetro de regularización* no negativo que controla el balance entre la bondad del ajuste y la suavidad de la solución, $\|A\mathbf{x} - \mathbf{b}\|_2^2$ se conoce como *término de fidelidad* y $\|\mathbf{x}\|_2^2$ como *funcional de penalización.* El problema (2.13) se conoce como *regularización de orden cero de Tikhonov.*

Las ecuaciones normales asociadas al problema regularizado se obtienen derivando (2.13) respecto a $\mathbf{x}$ e igualando a cero

$$\left(A^T A + \varepsilon^2 I_n\right)\mathbf{x} = A^T\mathbf{b}. \tag{2.14}$$

Si se quiere obtener una solución que minimice la norma de su primera o segunda derivada, lo que refleja una preferencia por un modelo suave, entonces se emplea una matriz de regularización C

$$\min_{\mathbf{x}\in\mathcal{M}}\{\|A\mathbf{x}-\mathbf{b}\|_2^2 + \varepsilon^2\|C\mathbf{x}\|_2^2\}, \tag{2.15}$$

de modo que el método se conoce como *regularización de primer orden de Tikhonov*, si

$$C = \begin{bmatrix} -1 & 1 & & & & \\ & -1 & 1 & & & \\ & & \ddots & \ddots & & \\ & & & -1 & 1 & \\ & & & & -1 & 1 \end{bmatrix}$$

donde $C\mathbf{x}$ es una aproximación de diferencias finitas a la primera derivada de $\mathbf{x}$.
La *regularización de segundo orden de Tikhonov* se obtiene cuando

$$C = \begin{bmatrix} 1 & -2 & 1 & & & & \\ & 1 & -2 & 1 & & & \\ & & \ddots & \ddots & \ddots & & \\ & & & 1 & -2 & 1 & \\ & & & & 1 & -2 & 1 \end{bmatrix}$$

donde $\|C\mathbf{x}\|_2$ es una aproximación por diferencias finitas de la segunda derivada de $\mathbf{x}$.
Las ecuaciones normales asociadas al problema amortiguado son

$$\left(A^T A + \varepsilon^2 C^T C\right)\mathbf{x} = A^T\mathbf{b}, \tag{2.16}$$

con lo que la solución regularizada, obtenida a partir de (2.16) es

$$\mathbf{x}_\varepsilon = \left(A^T A + \varepsilon^2 C^T C\right)^\dagger A^T\mathbf{b}, \tag{2.17}$$

Cálculo de la solución regularizada

Utilizando la descomposición en valores singulares de A, $A = U\Sigma V^T$, el problema de regularización de orden cero de Tikhonov es como sigue

$$A_\varepsilon = A^T A + \varepsilon^2 I_n = V(\Sigma^T\Sigma + \varepsilon^2 I_n)V^T, \tag{2.18}$$

y teniendo en cuenta (2.18), se obtiene una forma más eficiente para calcular la solución regularizada

$$\mathbf{x}_\varepsilon = A_\varepsilon^\dagger A^T\mathbf{b} = V(\Sigma^T\Sigma + \varepsilon^2 I_n)^\dagger\Sigma^T U^T\mathbf{b},$$

donde

$$(\Sigma^T\Sigma + \varepsilon^2 I_n)^\dagger = \begin{pmatrix} \frac{1}{\sigma_1^2+\varepsilon^2} & & & & & \\ & \ddots & & & & \\ & & \frac{1}{\sigma_r^2+\varepsilon^2} & & & \\ & & & \frac{1}{\varepsilon^2} & & \\ & & & & \ddots & \\ & & & & & \frac{1}{\varepsilon^2} \end{pmatrix},$$

siendo r el rango de A y σ_i, $i = 1, \ldots, r$ sus valores singulares, con lo que

$$\mathbf{x}_\varepsilon = \sum_{k=1}^{r} \mathbf{u}_k^T \mathbf{b} \frac{\sigma_k}{\sigma_k^2 + \varepsilon^2} \mathbf{v}_k.$$

Es decir, el efecto de la regularización es el de mejorar el condicionamiento y, además, en la solución no aparecen componentes de $Ker(A)$.
En escala logarítmica, la curva de valores óptimos de $\|\mathbf{x}\|_2$ frente a $\|A\mathbf{x} - \mathbf{b}\|_2$, para problemas lineales, a menudo tiene una forma de L. Esto sucede porque $\|\mathbf{x}\|_2$ disminuye estrictamente con ε mientras que $\|A\mathbf{x} - \mathbf{b}\|_2$ aumenta estrictamente con ε. Si ε es muy pequeño, la solución será muy cercana a la solución del problema directo, pero puede ser más ruidosa y no muy suave. Si ε es muy grande, la solución será más suave, pero puede no ajustar bien los datos.
La constante de regularización óptima se puede determinar mediante la observación de la curva L y la identificación de su punto de inflexión, que representa el punto donde las normas del vector solución y la función objetivo están equilibradas.

2.7. Reducción de la dimensionalidad via PCA

El Análisis de Componentes Principales (PCA, por sus siglas en inglés, Principal Component Analysis) es una técnica estadística que permite abordar desde la detección de patrones ocultos hasta la visualización de información compleja de grandes volúmenes de datos, en un espacio de baja dimensión.
La reducción de dimensionalidad mediante PCA se basa en la idea de que, en muchos conjuntos de datos existen variables correlacionadas, lo que sugiere redundancia y, por lo tanto, la posibilidad de simplificar. Al aplicar PCA, se pueden combinar estas variables en un número reducido de componentes principales que capturan la mayor varianza posible de los datos originales en un espacio de menor dimensión. Esto facilita tanto el análisis como la visualización, al tiempo que preserva la información más relevante.
Cada componente principal explica una cierta cantidad de variabilidad en los datos. Se puede calcular el porcentaje de variabilidad total explicado por cada componente y seleccionar aquellas que explican la mayor parte de la variabilidad, como se verá más adelante.
Un problema en el que se utiliza la técnica de PCA es el reconocimiento facial. Las imágenes digitales de rostros contienen una gran cantidad de información en forma de píxeles, lo que puede resultar abrumador a la hora de intentar comparar y reconocer distintas personas. PCA nos permite identificar las características más relevantes de cada rostro y representarlas en un espacio de dimensión reducida, haciendo posible la identificación eficiente y precisa de personas en sistemas de seguridad, redes sociales y aplicaciones biométricas.
En el campo de la biología, los investigadores utilizan PCA para analizar datos genéticos y proteómicos, identificando patrones y relaciones entre genes y proteínas que de otro modo serían difíciles de detectar. Esto ha permitido avances en el diagnóstico y tratamiento de enfermedades, así como en la identificación de nuevos objetivos terapéuticos.
La mente humana es buena reconociendo patrones en dos o tres dimensiones, pero es incapaz de hacerlo en dimensión superior. Por ello, un objetivo del PCA es visualizar conjuntos de datos de alta dimensión en 2D o 3D mediante la proyección bidimensional o tridimensional más conveniente, en el sentido de que pierda la menor cantidad de información posible.

2.7.1. Cálculo de las componentes principales

Se dispone de m observaciones $\{\mathbf{X}_1, \cdots \mathbf{X}_m\}$, donde cada observación $\mathbf{X}_j = (x_{j1}, \cdots, x_{jn})$ está representada por n variables (en general, en problemas reales $n \gg m$).

Observaciones	Variable 1	...	Variable n
$\mathbf{X}_1$	x_{11}	...	x_{1n}
$\vdots$	$\vdots$		$\vdots$
$\mathbf{X}_m$	x_{m1}	...	x_{mn}

El PCA permite encontrar un número de Componentes Principales menor que $\min\{m, n\}$, que explican una cantidad significativa de información (varianza) proporcionada por las n variables originales, eliminando redundancia y ruido en los datos.
El algoritmo PCA consta de los siguientes pasos:

✓ **PASO 1: ESTANDARIZACIÓN DE DATOS**
Para que el algoritmo funcione correctamente, es importante que los datos estén estandarizados, es decir, que tengan una media de cero y una varianza de uno. Este paso es importante, ya que permite comparar y analizar variables en igualdad de condiciones, independientemente de sus unidades de medida o rangos de valores.
La estandarización se utiliza para asegurar que todas las variables sean tratadas de manera equitativa, independientemente de sus escalas originales y sus varianzas. Esto permite que los componentes principales reflejen las estructuras subyacentes en los datos de manera más precisa, en lugar de estar sesgados hacia variables con mayor varianza.

CENTRAR: Se construye la matriz de datos:

$$X = \begin{pmatrix} \mathbf{X}_1 \\ \vdots \\ \mathbf{X}_m \end{pmatrix} \in \mathcal{M}_{m \times n}.$$

y se centra X restando la media, es decir, se realiza una traslación del origen de referencia al centro de gravedad (CG) de las observaciones $\boldsymbol{\mu} = (\mu_1, ..., \mu_n)$, donde $\mu_1, ..., \mu_n$ son las medias de cada una de las n variables, como se puede ver en la figura 2.3.

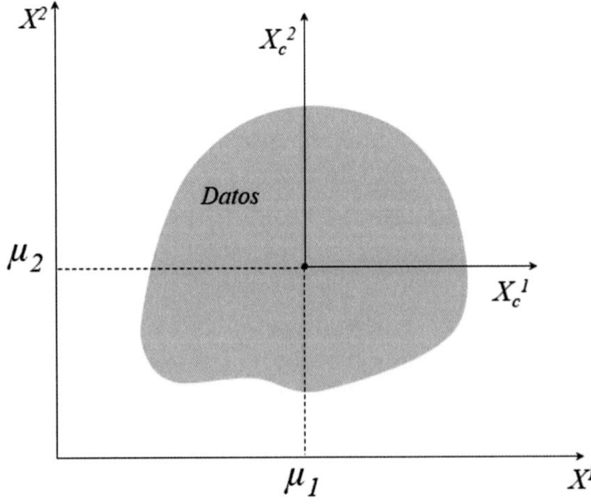

Figura 2.3: Traslación al centro de gravedad (CG) de los datos, para el caso 2D, con las variables centradas X_c^1 y X_c^2

$$X_c = X - \boldsymbol{\mu} = \begin{pmatrix} \mathbf{X}_1 - \boldsymbol{\mu} \\ \vdots \\ \mathbf{X}_m - \boldsymbol{\mu} \end{pmatrix}$$

NORMALIZAR: Se divide cada variable X_{cj} (columna j-ésima de X_c) por su desviación típica σ_j, obteniéndose finalmente la matriz de datos estandarizados.

$$X_s = \frac{X_c}{\boldsymbol{\sigma}},$$

donde $\boldsymbol{\sigma} = (\sigma_1, \cdots, \sigma_n)$.

✓ **PASO 2: CÁLCULO DE LAS MATRICES DE COVARIANZA Y CORRELACIÓN**

Si el PCA se realiza utilizando la matriz de covarianza, es crucial centrar las variables primero para eliminar la influencia de las medias de las variables en los cálculos. El objetivo de la matriz de covarianza es reflejar exclusivamente la manera en que las variables co-varían entre sí, independientemente de sus niveles medios individuales.
Se pueden definir dos matrices de covarianza:

- $C_1 = \dfrac{1}{m-1} X_c X_c^T \in \mathcal{M}_{m \times m}(\mathbb{R})$ matriz de covarianza entre las observaciones.
- $C_2 = \dfrac{1}{m-1} X_c^T X_c \in \mathcal{M}_{n \times n}(\mathbb{R})$ matriz de covarianza entre las variables.

En el caso típico del PCA, se utiliza la matriz de covarianza entre las variables (C_2), ya que el objetivo principal es reducir la dimensionalidad del conjunto de datos y encontrar patrones ocultos entre las variables. Sin embargo, en algunos casos, la matriz de covarianza entre las observaciones (C_1) también puede ser útil para analizar la estructura y las relaciones entre ellas.
Puesto que se desea analizar la variabilidad observada en las variables, en lo que sigue se considerará la matriz de covarianza C_2.
En caso de que las variables originales estuvieran medidas en las mismas unidades, no es necesario estandarizarlas y se utilizaría la matriz de covarianza. En el PCA basado en matrices de covarianza, un aspecto importante a considerar es la sensibilidad del método a las unidades de medida de las variables. Si las varianzas de las variables difieren significativamente, aquellas con varianzas más elevadas pueden influir de manera desproporcionada en las primeras componentes principales.
Otra opción sería utilizar la *matriz de correlación* C en la que cada elemento es el coeficiente de correlación entre un par de variables, lo que implica una estandarización implícita de los datos, haciendo que la interpretación sea más directa y menos afectada por las diferencias en las escalas y unidades de las variables.

$$C = \frac{1}{m-1} X_s^T X_s$$

Al calcular la matriz de correlación, normalmente se trabaja con una muestra de datos, es decir, un subconjunto de la población. El problema es que hacer esto podría conducir a que las correlaciones que se estiman en la muestra pueden no reflejar con precisión las verdaderas correlaciones que existen en la población completa. Este problema se conoce como *sesgo muestral*.
Al calcular la varianza, se usa la media (un valor derivado de todas las observaciones), lo que impone una restricción lineal en los datos. Esto reduce los grados de libertad disponibles a $m-1$, ya que una vez que la media ha sido determinada, solo $m-1$ observaciones pueden variar de manera independiente. Dividir por $m-1$ en lugar de m, proporciona una estimación más precisa y sin

sesgo, y es especialmente importante cuando se trabaja con un número pequeño de observaciones, ya que el sesgo puede ser más significativo en estos casos. En el caso de un número grande de observaciones, la diferencia entre dividir por m y $m-1$ tiende a ser menos relevante. La división por $m-1$ se conoce como corrección de Bessel, que se aplica cuando se trabaja con observaciones en lugar de poblaciones completas.
El rango de la matriz de varianzas-covarianzas es menor o igual que $\min\{m-1, n\}$ e indica el número máximo de componentes principales que se pueden extraer. Si la matriz de covarianza es de rango completo, se pueden extraer $m-1$ componentes principales como máximo. Es importante destacar que, en la práctica, a menudo se retienen solo las primeras q componentes principales que explican la mayor parte de la variabilidad, donde q se determina mediante alguno de los criterios mencionados más adelante. Esto conduce a una reducción de la dimensionalidad del conjunto de datos original.

✓ **PASO 3: DIAGONALIZACIÓN DE LA MATRIZ** C
Se diagonaliza la matriz C

$$C = VDV^T = [\mathbf{v}_1, ..., \mathbf{v}_n] \left(\begin{array}{ccc|c} \lambda_1 & \cdots & 0 & \\ & \ddots & & O_{r\times n-r} \\ 0 & \cdots & \lambda_r & \\ \hline & O_{n-r\times r} & & O_{n-r\times n-r} \end{array} \right) \begin{bmatrix} \mathbf{v}_1^T \\ \vdots \\ \mathbf{v}_n^T \end{bmatrix},$$

donde $\mathbf{v}_i$ son vectores propios ortonormales de C y $\lambda_1 > \lambda_2 > ... > \lambda_r > 0$ los valores propios correspondientes, siendo r el rango de la matriz X. En general, dada la aleatoriedad de los datos, y con un tamaño de muestra adecuado, generalmente se esperaría que la matriz de correlación tenga rango completo, reflejando la independencia lineal entre las variables. Sin embargo, siempre es posible que las peculiaridades del muestreo aleatorio produzcan resultados inesperados, especialmente en muestras pequeñas.
Los vectores propios $\{\mathbf{v}_1, ..., \mathbf{v}_n\}$ resultantes de la diagonalización de la matriz C son una nueva base para los datos, y los valores propios representan la cantidad de varianza explicada por cada vector propio.
En la práctica, dado el gran tamaño de la matriz $V \in \mathcal{M}_{n\times n}$, ($n \gg m$), se trabaja con la descomposición en valores singulares de la matriz X_s:

$$X_s = U\Sigma V^T, \tag{2.19}$$

donde $U \in \mathcal{M}_{m\times m}(\mathbb{R})$ es una matriz ortogonal, y Σ es la matriz diagonal por bloques obtenida en (2.9).
Multiplicando a la izquierda la relación (2.19) por U^T, resulta:

$$\Sigma V^T = U^T X_s$$

de donde se obtendrá directamente una base de r vectores $\{\mathbf{v}_1, ..., \mathbf{v}_r\}$ de V.

✓ **PASO 4: OBTENCIÓN DE LA BASE REDUCIDA DE VECTORES PROPIOS** Se seleccionan los vectores propios correspondientes a los primeros $q < r$ valores propios.
El problema que se plantea en la reducción de la dimensionalidad es cómo elegir q para obtener una buena compresión y al mismo tiempo conservar casi toda la varianza contenida en los datos. Algunos criterios que pueden seguirse para el cálculo de q son los siguientes:

- **Criterio del valor propio uno** Según Kaiser (1960), sólo deben seleccionarse los componentes principales que tengan una varianza superior a 1 ya que sólo estos componentes explican más varianza de la que puede explicar una sola variable del conjunto de datos. Asimismo, cuando dos valores propios consecutivos tienen magnitudes semejantes, siendo uno mayor y otro menor que uno, la componente principal asociada al mayor de ellos se retendrá y la otra no, aunque la varianza correspondiente a cada componente sea casi la misma.

En la práctica se retienen todos los $\lambda_k > 1$ y se desestiman los demás.

La razón fundamental por la que se adopta este criterio es la sencillez de aplicación ya que no es necesario tomar decisiones subjetivas. Su utilización obtiene buenos resultados cuando el número de variables no es muy grande $(n < 30)$ y el número de observaciones es grande $(m > 70)$, sin embargo puede inducir a retener componentes erróneas cuando el número de observaciones es pequeño y el de variables alto.

- **Scree test** Una forma de saber el número aproximado de componentes principales que deben tenerse en cuenta, es la de representar los valores propios de D frente al número de componentes en lo que se conoce como *scree plot*. Si los valores propios más grandes dominan en magnitud y el resto de valores propios son muy pequeños, el *scree plot* es una curva descendente con una pendiente pronunciada que presenta un codo que separa los valores propios grandes de los pequeños. El número de componentes en el que aparece dicho codo puede utilizarse para determinar q, ya que se aconseja quedarse con las componentes anteriores al codo y una posterior al mismo.

  Cuando aparecen varios saltos en el *scree plot*, debe buscarse el último antes de la estabilización de los valores propios y se retendrán las componentes que corresponden a los valores propios que aparecen antes del último salto.

- **Proporción de varianza explicada** En este caso se retiene cualquier componente que individualmente supere un porcentaje establecido de varianza frente a la varianza total de los datos, por ejemplo tal que

$$E_i = \frac{\lambda_i}{\sum_{i=1}^{n} \lambda_i} 100$$

  sea superior a $5\,\%$ o $10\,\%$.

- **Retención de un número fijo de componentes** Pueden retenerse las componentes principales que acumulen un porcentaje determinado de varianza, por ejemplo el $90\,\%$ de la varianza total

$$E(p) = \frac{\sum_{i=1}^{p} \lambda_i}{\sum_{i=1}^{n} \lambda_i} 100$$

- **Varianza superior a la media** En este caso se calcula la media de la varianza de las componentes principales

$$\overline{\lambda} = \frac{\sum\limits_{i=1}^{m} \lambda_i}{m},$$

  y se retiene la componente principal i-ésima si $\lambda_i > \overline{\lambda}$.

Utilizando alguno de los criterios descritos, se obtiene la base reducida

$$B_q = \{\mathbf{v}_1, \cdots, \mathbf{v}_q\}$$

formada por los primeros q vectores propios, correspondientes a los q valores propios más grandes.

Cuando dos valores propios son iguales o muy cercanos, la decisión de conservar o descartar las componentes principales correspondientes depende del contexto del problema. Por ejemplo, se pueden conservar ambas componentes si ambos valores propios son grandes y contribuyen significativamente a la varianza total de los datos, manteniendo de esta forma la información relevante. En general, no hay una regla estricta para conservar o descartar componentes principales ya que esto depende del contexto específico del estudio y los objetivos del análisis. Experimentar con diferentes configuraciones y evaluar el rendimiento del modelo o la utilidad interpretativa puede ser útil para tomar decisiones informadas.

✓ **PASO 5: OBTENCIÓN DE LAS COMPONENTES PRINCIPALES** Se proyectan los datos sobre la base B_q:

$$Y = X_s V_q \tag{2.20}$$

donde V_q es la matriz cuyas columnas son los vectores de la base reducida.
Las observaciones expresadas en la base B_q tienen ahora sólo q coordenadas y se disponen en filas de la matriz Y. Las q componentes principales $PC_1, \cdots, PC_q$, que representan la información más relevante y significativa en los datos, son las columnas de la matriz Y, y están relacionadas con las variables iniciales de la forma:

$$Y = (\mathbf{Y}_1 \cdots \mathbf{Y}_q) = \begin{pmatrix} \mathbf{X}_1 \\ \vdots \\ \mathbf{X}_m \end{pmatrix} (\mathbf{v}_1 \cdots \mathbf{v}_q) = \begin{pmatrix} \mathbf{X}_1\mathbf{v}_1 & \cdots & \mathbf{X}_1\mathbf{v}_q \\ \vdots & & \vdots \\ \underbrace{\mathbf{X}_m\mathbf{v}_1}_{\mathbf{PC}_1} & \cdots & \underbrace{\mathbf{X}_m\mathbf{v}_q}_{\mathbf{PC}_q} \end{pmatrix}$$

de donde resulta que la componente principal PC_j, que es la columna j de Y, es:

$$\mathbf{Y}_j = \begin{bmatrix} \mathbf{X}_1 \\ \cdots \\ \mathbf{X}_m \end{bmatrix} \mathbf{v}_j = X_s \mathbf{v}_j, \quad \forall j = 1, \cdots, q$$

Las componentes principales poseen varianzas decrecientes y no están correlacionadas, además son ortogonales entre sí.

$$cov(\mathbf{Y}_i, \mathbf{Y}_j) = \mathbf{Y}_i \cdot \mathbf{Y}_j = \mathbf{Y}_i^T \mathbf{Y}_j = \mathbf{v}_i^T X_s^T X_s \mathbf{v}_j = \frac{1}{m-1} \mathbf{v}_i^T C \mathbf{v}_j = 0 \;\; j \neq i$$

ya que $\mathbf{v}_i$ y $\mathbf{v}_j$ son vectores ortonormales de C.
Además, la transformación ortogonal no altera la traza, en consecuencia la energía de la matriz de datos se conserva

$$traza(C) = \sum_{k=1}^{n} \sigma_k^2 = traza(D).$$

2.7.2. Ejemplo

Ejemplo 9. *Se ha evaluado a 6 alumnos de ocho materias: Lengua (L), Matemátiva (M), Física (F), inglés (I), Filosofía (FL), Historia (H), Química (Q) y Educación Física (EF), obteniéndose los resultados que se muestran en la tabla. Se quiere hacer un análisis de componentes principales utilizando las dos primeras componentes para poder representarlas y un análisis de los resultados.*

Se siguen los pasos descritos en la teoría:

Alumnos	L	M	F	I	FL	H	Q	EF
1	5	5	5	5	5	5	5	5
2	5	5	4	5	6	5	5	1
3	7	4	5	7	8	8	4	6
4	7	4	4	7	8	7	4	5
5	5	6	6	5	5	5	6	6
6	3	5	5	2	3	3	5	7

✓ **PASO 1: ESTANDARIZACIÓN DE DATOS**

Se escribe la matriz de datos $X \in M_{m \times n}(\mathbb{R})$

$$X = \begin{pmatrix} 5 & 5 & 5 & 5 & 5 & 5 & 5 & 5 \\ 5 & 5 & 4 & 5 & 6 & 5 & 5 & 1 \\ 7 & 4 & 5 & 7 & 8 & 8 & 4 & 6 \\ 7 & 4 & 4 & 7 & 8 & 7 & 4 & 5 \\ 5 & 6 & 6 & 5 & 5 & 5 & 6 & 6 \\ 3 & 5 & 5 & 2 & 3 & 3 & 5 & 7 \end{pmatrix}$$

A continuación se calculan los vectores que contienen las medias $\mu = (\mu_1, \ldots, \mu_n)$ y las desviaciones típicas $\sigma = (\sigma_1, \ldots, \sigma_n)$ de cada columna de X y se construye la matriz estandarizada $X_s = \dfrac{X - \mu}{\sigma}$

$$X_s = \begin{pmatrix} -0.2214 & 0.2214 & 0.2214 & -0.0908 & -0.4294 & -0.2840 & 0.2214 & 0 \\ -0.2214 & 0.2214 & -1.1070 & -0.0908 & 0.0859 & -0.2840 & 0.2214 & -1.9069 \\ 1.1070 & -1.1070 & 0.2214 & 0.9992 & 1.1164 & 1.4199 & -1.1070 & 0.4767 \\ 1.1070 & -1.1070 & -1.1070 & 0.9992 & 1.1164 & 0.8519 & -1.1070 & 0 \\ -0.2214 & 1.5498 & 1.5498 & -0.0908 & -0.4294 & -0.2840 & 1.5498 & 0.4767 \\ -1.5498 & 0.2214 & 0.2214 & -1.7258 & -1.4599 & -1.4199 & 0.2214 & 0.9535 \end{pmatrix}$$

✓ **PASO 2: CÁLCULO DE LA MATRIZ DE CORRELACIÓN** $C = \dfrac{1}{m-1} X_s^T X_s$

$$C = \begin{pmatrix} 1 & -0.6471 & -0.2941 & 0.9895 & 0.9811 & 0.9808 & -0.6471 & -0.1267 \\ -0.6471 & 1 & 0.6471 & -0.5551 & -0.7073 & -0.6790 & 1.0000 & 0.0000 \\ -0.2941 & 0.6471 & 1 & -0.2655 & -0.4335 & -0.2263 & 0.6471 & 0.6333 \\ 0.9895 & -0.5551 & -0.2655 & 1 & 0.9641 & 0.9596 & -0.5551 & -0.2079 \\ 0.9811 & -0.7073 & -0.4335 & 0.9641 & 1 & 0.9657 & -0.7073 & -0.2456 \\ 0.9808 & -0.6790 & 0.2263 & 0.9596 & 0.9657 & 1 & -0.6790 & -0.0542 \\ -0.6471 & 1.0000 & 0.6471 & -0.5551 & -0.7073 & -0.6790 & 1 & 0.0000 \\ -0.1267 & 0.0000 & 0.6333 & -0.2079 & -0.2456 & -0.0542 & 0.0000 & 1 \end{pmatrix}$$

✓ **PASO 3: DIAGONALIZACIÓN DE LA MATRIZ** C

Se calcula la matriz diagonal de valores propios de C

$$D = \begin{pmatrix} 5.3034 & 0 & 0 & 0 & 0 & 0 & 0 & 0 \\ 0 & 1.5107 & 0 & 0 & 0 & 0 & 0 & 0 \\ 0 & 0 & 1.1076 & 0 & 0 & 0 & 0 & 0 \\ 0 & 0 & 0 & 0.0642 & 0 & 0 & 0 & 0 \\ 0 & 0 & 0 & 0 & 0.0140 & 0 & 0 & 0 \\ 0 & 0 & 0 & 0 & 0 & 0 & 0 & 0 \\ 0 & 0 & 0 & 0 & 0 & 0 & 0 & 0 \\ 0 & 0 & 0 & 0 & 0 & 0 & 0 & 0 \end{pmatrix}$$

y la matriz de vectores propios correspondientes a los valores propios calculados

$$V = \begin{pmatrix} -0.4086 & 0.2116 & 0.1942 & 0.2826 & -0.1307 & 0.7394 & 0.0416 & -0.3243 \\ 0.3669 & 0.1234 & 0.4832 & 0.2608 & 0.1506 & -0.0562 & -0.7085 & -0.1450 \\ 0.2404 & 0.6581 & 0.1245 & -0.5825 & -0.1149 & 0.2403 & 0.0071 & 0.2885 \\ -0.3930 & 0.2014 & 0.3161 & 0.2473 & -0.6025 & -0.4109 & -0.0257 & 0.3339 \\ -0.4224 & 0.0852 & 0.1788 & 0.0850 & 0.7098 & 0.0171 & -0.0077 & 0.5206 \\ -0.4051 & 0.2611 & 0.1240 & -0.3716 & 0.2088 & -0.4254 & -0.0107 & -0.6242 \\ 0.3669 & 0.1234 & 0.4832 & 0.2608 & 0.1506 & -0.1256 & 0.7039 & -0.1219 \\ 0.0956 & 0.6130 & -0.5768 & 0.4882 & 0.1183 & -0.1628 & -0.0070 & -0.0603 \end{pmatrix}$$

✓ **PASO 4: OBTENCIÓN DE LA BASE REDUCIDA DE VECTORES PROPIOS**

En este caso se quieren visualizar los datos en dos dimensiones, por lo que se elige $q = 2$. Por tanto, la base reducida $B_q = \{\mathbf{v}_1, \mathbf{v}_2\}$ está formada por los dos primeros vectores (columnas de la matriz V), correspondientes a los valores propios de mayor magnitud:

$$V_q = \begin{pmatrix} -0.4086 & 0.2116 \\ 0.3669 & 0.1234 \\ 0.2404 & 0.6581 \\ -0.3930 & 0.2014 \\ -0.4224 & 0.0852 \\ -0.4051 & 0.2611 \\ 0.3669 & 0.1234 \\ 0.0956 & 0.6130 \end{pmatrix}$$

✓ **PASO 5: OBTENCIÓN DE LAS COMPONENTES PRINCIPALES**

Las componentes principales son nuevas variables que están relacionadas con las variables iniciales de la forma:

$$Y_{m\times q} = X_{m\times n} V_{q_{n\times q}}$$

con lo que

$$\mathbf{Y}_1 = \begin{bmatrix} 0.6382 \\ -0.0810 \\ -2.6052 \\ -2.7400 \\ 1.9779 \\ 2.8101 \end{bmatrix}, \quad \mathbf{Y}_2 = \begin{bmatrix} 0.0245 \\ -1.9747 \\ 1.0660 \\ -0.2487 \\ 1.5187 \\ -0.3857 \end{bmatrix}.$$

Observando la tabla de las puntuaciones, se ve que los alumnos tercero y cuarto están muy próximos porque tienen puntuaciones casi idénticas. Lo mismo sucede con los dos primeros y los dos últimos, que también tienen puntuaciones parecidas.

Lo que se hace con el análisis de componentes principales es ver en dos dimensiones una realidad que tiene ocho (tantas como variables).
La representación gráfica de las dos componentes principales muestra dos grupos de alumnos, que corresponden a los dos grupos que se forman con las calificaciones más parecidas entre sí.

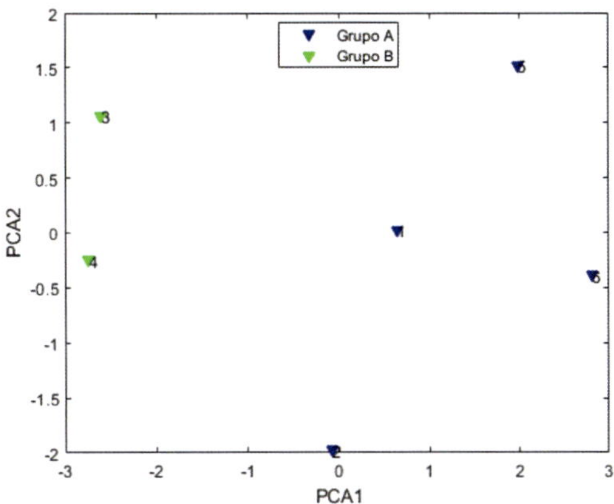

Figura 2.4: Clasificación de los alumnos atendiendo a las dos componentes principales

En este punto, cabe preguntarse cuánta información se pierde en esta transformación. Para responder a esta cuestión, se calcula el porcentaje de varianza de cada una de las componentes frente a la varianza total (traza de la matriz D). Debe tenerse en cuenta que el rango de la matriz $D = VCV^T$ es 5, así que sólo hay 5 valores propios no nulos.

Valor propio	Varianza acumulada
λ_1	$\frac{\lambda_1}{\sum_{i=1}^{5}\lambda_i}\,\% = 66.29\,\%$
λ_2	$\frac{\lambda_1+\lambda_2}{\sum_{i=1}^{5}\lambda_i}\,\% = 85.18\,\%$
λ_3	$\frac{\lambda_1+\lambda_2+\lambda_3}{\sum_{i=1}^{5}\lambda_i}\,\% = 99.02\,\%$
λ_4	$\frac{\lambda_1+\lambda_2+\lambda_3+\lambda_4}{\sum_{i=1}^{5}\lambda_i}\,\% = 99.82\,\%$
λ_5	$\frac{\sum_{i=1}^{5}\lambda_i}{\sum_{i=1}^{5}\lambda_i}\,\% = 100\,\%$

Cuadro 2.1: Cantidad de información conservada atendiendo al número de valores propios considerados

2.8. Métodos de descenso

2.8.1. *Introducción*

El método del gradiente, o alguna de sus variantes como el método GMRES (Generalized Minimum RESidual), es uno de los métodos iterativos más frecuentemente utilizado en la resolución numérica

de grandes sistemas de ecuaciones lineales con matriz simétrica y definida positiva. Al tratarse de un método iterativo, puede aplicarse a sistemas con matrices huecas demasiado grandes para ser resueltos por métodos directos como la descomposición de Cholesky. Este tipo de sistemas aparecen en la aplicación de los métodos de diferencias finitas o de elementos finitos a la resolución de sistemas de ecuaciones diferenciales en derivadas parciales, en el análisis estructural o en la teoría de circuitos.
El interés del método del gradiente no es por sí mismo, sino como método preliminar para el estudio del gradiente conjugado, cuya velocidad de convergencia es mucho mayor.

Teorema 2. *Si A es simétrica y definida positiva (es decir, $A = A^T$ y $\mathbf{x}^T A\mathbf{x} > 0$), el problema de resolver el sistema $A\mathbf{x} = \mathbf{b}$ es equivalente al de minimizar la forma cuadrática:*

$$f : \mathbb{R}^n \to \mathbb{R}, \quad f(\mathbf{x}) = \frac{1}{2}\mathbf{x}^T A\mathbf{x} - \mathbf{x}^T\mathbf{b} + c$$

que verifica $\nabla f(\mathbf{x}) = A\mathbf{x} - \mathbf{b}, \ \forall \mathbf{x}, \mathbf{b} \in \mathbb{R}^n, \ c \in \mathbb{R}.$

Atendiendo a la naturaleza de la matriz A, se pueden presentar los siguientes casos:

- A es definida positiva, es decir, todos sus valores propios λ_i son positivos, $\lambda_i > 0, \ \forall i$. En este caso la función f alcanza un mínimo absoluto a partir del cual la función crece en todas las direcciones (ver figura 2.5)

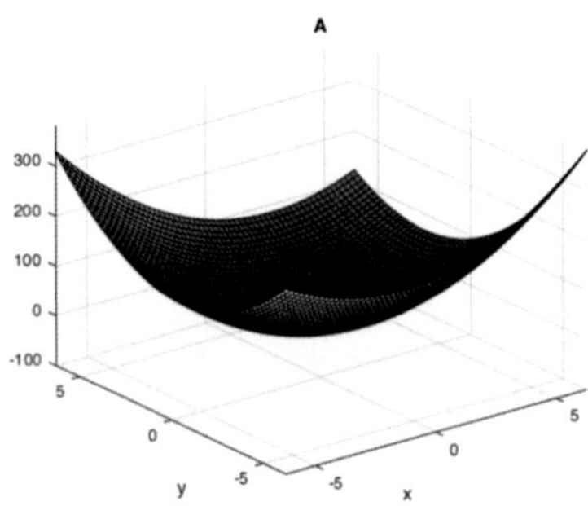

Figura 2.5: Forma cuadrática con matriz definida positiva

- A es definida negativa, es decir, todos sus valores propios son negativos, $\lambda_i < 0, \ \forall i$. En este caso la función f alcanza un máximo absoluto a partir del cual la función decrece en todas las direcciones (ver figura 2.6).

- A es semidefinida positiva o negativa ($\lambda_i > 0, \ \forall i$ o $\lambda_i < 0, \ \forall i$, respectivamente). En este caso la solución del sistema $A\mathbf{x} = \mathbf{b}$ no es única y existen infinitos puntos críticos colocados en una recta, un plano o un hiperplano, dependiendo del rango de A (ver figura 2.7).

- A es una matriz indefinida, entonces hay valores propios positivos y negativos. En este caso, el punto crítico de f es un punto de silla, y tanto el método del gradiente como el del gradiente conjugado fallarán (ver figura 2.8).

Para la utilización del método del gradiente conjugado, es importante verificar que la matriz A sea definida.

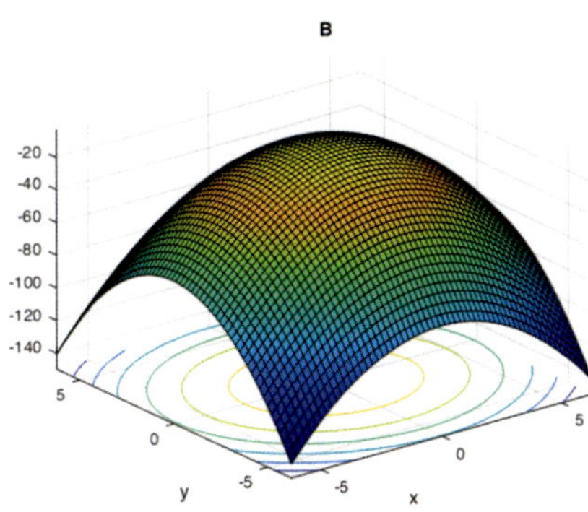

Figura 2.6: Forma cuadrática con matriz definida negativa

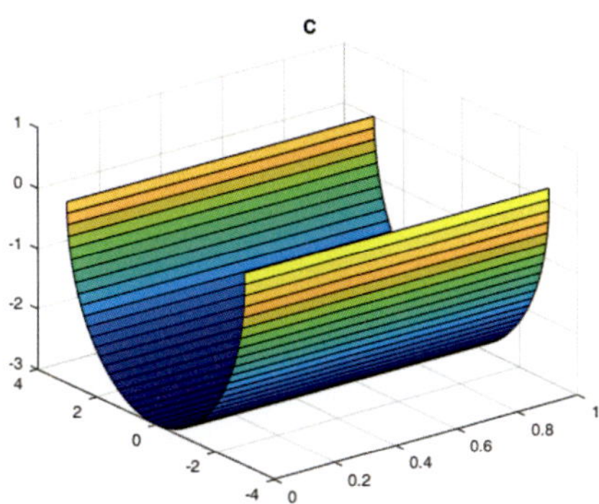

Figura 2.7: Forma cuadrática con matriz singular (y positiva)

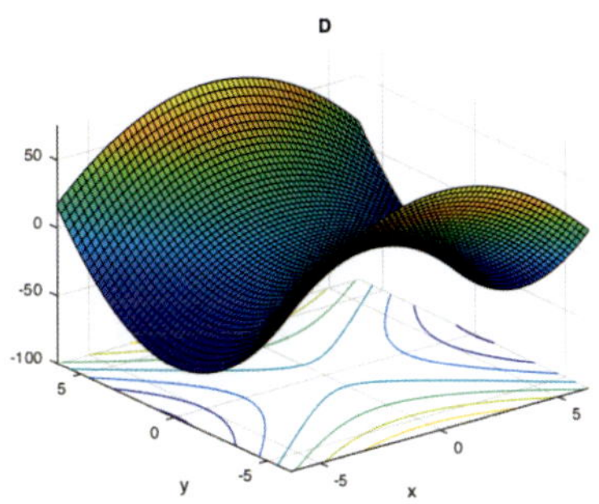

Figura 2.8: Forma cuadrática con matriz indefinida

2.8.2. *Método del gradiente*

El método del gradiente es un método iterativo de descenso que comienza en un punto $\mathbf{x}_0$ y continua siguiendo la línea de máximo descenso de la función f, obteniendo una sucesión de puntos $\mathbf{x}_1, \mathbf{x}_2, \ldots$ que converge a $\mathbf{x}^*$, solución del sistema $A\mathbf{x} = \mathbf{b}$.

Definiendo el error en la etapa k-ésima, $\mathbf{e}_k = \mathbf{x}_k - \mathbf{x}^*$, como el vector que mide lo alejada que está la aproximación $\mathbf{x}_k$ de la solución $\mathbf{x}^*$, y el residuo $\mathbf{r}_k = \mathbf{b} - A\mathbf{x}_k$, como el vector que mide la diferencia entre la predicción $A\mathbf{x}_k$ y el dato $\mathbf{b}$, se cumple que

$$\mathbf{r}_k = -A\mathbf{e}_k = -\nabla f(\mathbf{x}_k),$$

por lo que el residuo se puede interpretar como la dirección de máximo descenso.

- **Paso 1**. El primer paso se da en la dirección de máximo descenso, $\mathbf{r}_0 = \mathbf{b} - A\mathbf{x}_0$,

$$\mathbf{x}_1 = \mathbf{x}_0 + \alpha_0 \mathbf{r}_0 \tag{2.21}$$

  en el que α_0 debe determinarse de modo que

$$f(\mathbf{x}_0 + \alpha_0 \mathbf{r}_0) = \min_{\alpha \in \mathbb{R}} f(\mathbf{x}_0 + \alpha \mathbf{r}_0)$$

  para lo que debe resolverse el problema de optimización

$$\frac{d}{d\alpha} f(\mathbf{x}_0 + \alpha \mathbf{r}_0) = 0 \tag{2.22}$$

  o equivalentemente

$$\frac{d}{d\alpha}\left(\frac{1}{2}(\mathbf{x}_0 + \alpha \mathbf{r}_0)^T A (\mathbf{x}_0 + \alpha \mathbf{r}_0) - (\mathbf{x}_0 + \alpha \mathbf{r}_0)^T \mathbf{b} + c\right) = \alpha \mathbf{r}_0{}^T A \mathbf{r}_0 + \mathbf{r}_0{}^T A \mathbf{x}_0 - \mathbf{r}_0^T \mathbf{b} = 0$$

  de donde se deduce

$$\alpha_0 = \frac{\mathbf{r}_0^T(\mathbf{b} - A\mathbf{x}_0)}{\mathbf{r}_0{}^T A \mathbf{r}_0} = \frac{\mathbf{r}_0{}^T \mathbf{r}_0}{\mathbf{r}_0{}^T A \mathbf{r}_0}$$

  Una vez conocidos la dirección de descenso, $\mathbf{r}_0$, y el paso α_0, se calcula $\mathbf{x}_1$ mediante la relación (2.21).

- **Paso k**. En general, para calcular el paso α_k, se calcula la solución exacta de la ecuación

$$f(\mathbf{x}_k + \alpha \mathbf{r}_k) = \frac{1}{2}\mathbf{x}_k^T A \mathbf{x}_k + \frac{1}{2}\alpha \mathbf{x}_k^T A \mathbf{r}_k + \frac{1}{2}\alpha \mathbf{r}_k^T A \mathbf{x}_k + \frac{1}{2}\alpha^2 \mathbf{r}_k^T A \mathbf{r}_k - \mathbf{x}_k^T \mathbf{b} - \alpha \mathbf{r}_k^T \mathbf{b}$$

  de donde

$$\frac{d}{d\alpha} f(\mathbf{x}_k + \alpha \mathbf{r}_k) = \frac{1}{2}\mathbf{x}_k^T A \mathbf{r}_k + \frac{1}{2}\mathbf{r}_k^T A \mathbf{x}_k + \alpha \mathbf{r}_k^T A \mathbf{r}_k - \mathbf{r}_k^T \mathbf{b}$$

  Entonces

$$\frac{df}{d\alpha}(\mathbf{x}_k + \alpha \mathbf{r}_k) = 0 \Leftrightarrow \alpha_k = -\frac{\frac{1}{2}\mathbf{x}_k^T A \mathbf{r}_k + \frac{1}{2}\mathbf{r}_k^T A \mathbf{x}_k - \mathbf{r}_k^T \mathbf{b}}{\mathbf{r}_k^T A \mathbf{r}_k}$$

  y como A es simétrica

$$\mathbf{x}_k^T A \mathbf{r}_k = \mathbf{r}_k^T A \mathbf{x}_k$$

  con lo que se concluye

$$\alpha_k = -\frac{\mathbf{r}_k^T A \mathbf{x}_k - \mathbf{r}_k^T \mathbf{b}}{\mathbf{r}_k^T A \mathbf{r}_k} = -\frac{\mathbf{r}_k^T (A\mathbf{x}_k - \mathbf{b})}{\mathbf{r}_k^T A \mathbf{r}_k} = \frac{\mathbf{r}_k^T \mathbf{r}_k}{\mathbf{r}_k^T A \mathbf{r}_k}$$

  Así pues, el método de máximo descenso consiste en, partiendo de un iterante inicial $\mathbf{x}_0 \in \mathbb{R}^n$ construir la sucesión de la forma

$$\mathbf{x}_{k+1} = \mathbf{x}_k + \alpha_k \mathbf{r}_k, \quad k = 0, 1, \ldots$$

  con

$$\mathbf{r}_k = \mathbf{b} - A\mathbf{x}_k, \quad \alpha_k = \frac{\mathbf{r}_k^T \mathbf{r}_k}{\mathbf{r}_k^T A \mathbf{r}_k}$$

Ejemplo 10. *Suponiendo que la matriz A y el vector **b** son*

$$A = \begin{pmatrix} 3 & -2 \\ -2 & 4 \end{pmatrix}, \quad \mathbf{b} = \begin{pmatrix} 4 \\ 8 \end{pmatrix},$$

calcular la solución del sistema de ecuaciones $A\mathbf{x} = \mathbf{b}$ mediante el método del gradiente.

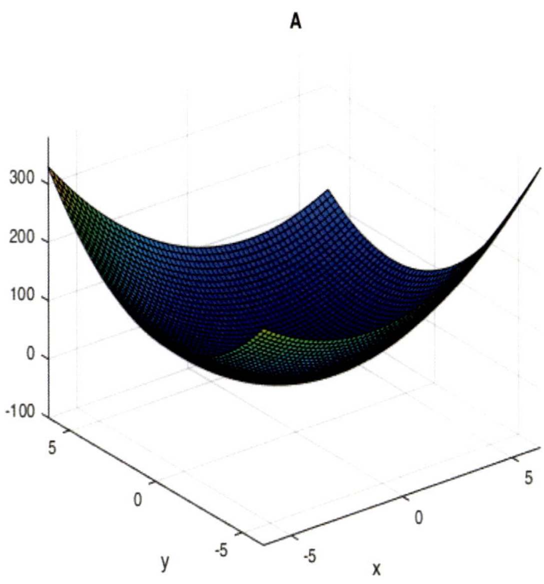

Figura 2.9: Paraboloide de ecuación $\frac{3}{2}x_1^2 - 2x_2^2 - 2x_1x_2 - 4x_1 - 8x_2$

Se resuelve el problema equivalente de calcular el mínimo de la función cuadrática

$$f(\mathbf{x}) = \frac{1}{2}\mathbf{x}^T A\mathbf{x} - \mathbf{x}^T\mathbf{b} = \frac{3}{2}x_1^2 - 2x_2^2 - 2x_1x_2 - 4x_1 - 8x_2.$$

El gradiente de la función $f(x)$ viene dado por:

$$\nabla f(\mathbf{x}) = \frac{1}{2}A^T\mathbf{x} + \frac{1}{2}A\mathbf{x} - \mathbf{b} = \begin{pmatrix} 3x_1 - 2x_2 - 4 \\ 4x_2 - 2x_1 - 8 \end{pmatrix} = A\mathbf{x} - \mathbf{b}$$

y haciendo $\nabla f(\mathbf{x}) = 0$, se obtiene el sistema de ecuaciones que se debe resolver para calcular el punto crítico de f, que es un paraboloide con un mínimo absoluto en $(4, 4)$, como se aprecia en la figura (2.10) ya que la matriz A, además de ser simétrica, es definida positiva. A partir del mínimo, la función crece en todas direcciones. La solución del sistema $A\mathbf{x} = \mathbf{b}$ es el punto que minimiza la función $f(\mathbf{x})$.

Siguiendo con el ejemplo, se calculan las primeras iteraciones del método del gradiente:

- **Paso 1**.

  Se elige una aproximación a la solución $\mathbf{x}_0 = (0,\ 0)$ y se calcula la dirección de descenso

  $$\mathbf{r}_0 = -\nabla f(\mathbf{x}_0) = \mathbf{b} - A\mathbf{x}_0 = \begin{pmatrix} 4 \\ 8 \end{pmatrix}$$

  y el parámetro α_0

  $$\alpha_0 = \frac{\mathbf{r}_0^T\mathbf{r}^0}{\mathbf{r}_0^T A\mathbf{r}_0} = \frac{5}{11}$$

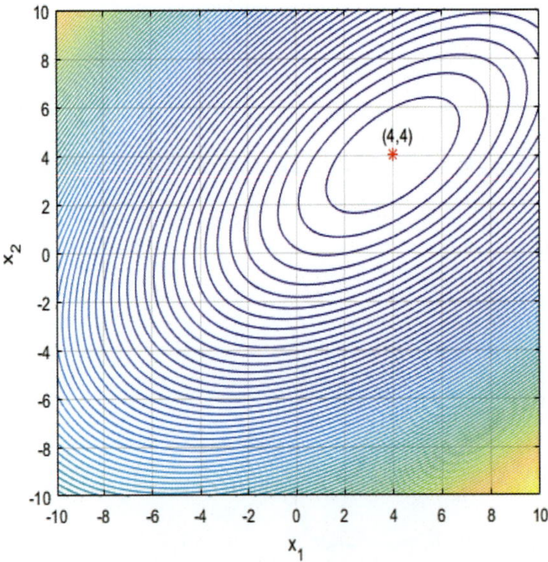

Figura 2.10: Proyección de las curvas de nivel del paraboloide y valor mínimo

con lo que la nueva aproximación es

$$\mathbf{x}_1 = \mathbf{x}_0 + \alpha_0 \mathbf{r}_0 = \begin{pmatrix} \dfrac{20}{11} \\ \\ \dfrac{40}{11} \end{pmatrix} = \begin{pmatrix} 1.8182 \\ 3.6364 \end{pmatrix}$$

- **Paso 2**.

  Se calcula la dirección de descenso

$$\mathbf{r}_1 = \mathbf{b} - A\mathbf{x}_1 = \begin{pmatrix} \dfrac{64}{11} \\ \\ -\dfrac{32}{11} \end{pmatrix}$$

  y el parámetro α_1

$$\alpha_1 = \frac{\mathbf{r}_1^T \mathbf{r}_1}{\mathbf{r}_1^T A \mathbf{r}_1} = \frac{5}{24}$$

  con lo que la nueva aproximación es

$$\mathbf{x}_2 = \mathbf{x}_1 + \alpha_1 \mathbf{r}_1 = \begin{pmatrix} \dfrac{100}{33} \\ \\ \dfrac{100}{33} \end{pmatrix} = \begin{pmatrix} 3.0303 \\ 3.0303 \end{pmatrix}$$

- **Paso 3**.

  Se calcula la dirección de descenso

$$\mathbf{r}_2 = \mathbf{b} - A\mathbf{x}_2 = \begin{pmatrix} \dfrac{32}{33} \\ \\ -\dfrac{64}{33} \end{pmatrix}$$

y el parámetro α_2

$$\alpha_2 = \frac{\mathbf{r}_2^T \mathbf{r}^2}{\mathbf{r}_2^T A \mathbf{r}^2} = \frac{5}{11}$$

con lo que la nueva aproximación es

$$\mathbf{x}_3 = \mathbf{x}_2 + \alpha_2 \mathbf{r}_2 = \begin{pmatrix} \dfrac{420}{121} \\ \dfrac{1420}{363} \end{pmatrix} = \begin{pmatrix} 3.4711 \\ 3.9118 \end{pmatrix}$$

- **Paso 4**.
  Se calcula la dirección de descenso

$$\mathbf{r}_3 = \mathbf{b} - A\mathbf{x}_3 = \begin{pmatrix} \dfrac{512}{363} \\ -\dfrac{256}{363} \end{pmatrix}$$

  y el parámetro α_3

$$\alpha_3 = \frac{\mathbf{r}_3^T \mathbf{r}_3}{\mathbf{r}_3^T A \mathbf{r}^3} = \frac{5}{24}$$

  con lo que la nueva aproximación es

$$\mathbf{x}_4 = \mathbf{x}_3 + \alpha_3 \mathbf{r}_3 = \begin{pmatrix} \dfrac{1009}{268} \\ \dfrac{1009}{268} \end{pmatrix} = \begin{pmatrix} 3.7649 \\ 3.7649 \end{pmatrix}$$

- **Paso 5**.
  Se calcula la dirección de descenso

$$\mathbf{r}_4 = \mathbf{b} - A\mathbf{x}_4 = \begin{pmatrix} \dfrac{256}{1089} \\ -\dfrac{512}{1089} \end{pmatrix}$$

  y el parámetro α_4

$$\alpha_4 = \frac{\mathbf{r}_4^T \mathbf{r}^4}{\mathbf{r}_4^T A \mathbf{r}^4} = \frac{5}{11}$$

  con lo que la nueva aproximación es

$$\mathbf{x}_5 = \mathbf{x}_4 + \alpha_4 \mathbf{r}_4 = \begin{pmatrix} \dfrac{5103}{1318} \\ \dfrac{931}{234} \end{pmatrix} = \begin{pmatrix} 3.8718 \\ 3.9786 \end{pmatrix}$$

Se puede apreciar que la sucesión $\{\mathbf{x}_1, \mathbf{x}_2, \mathbf{x}_3, \mathbf{x}_4, ...\}$ tiende a la solución del sistema $A\mathbf{x} = \mathbf{b}$, $x_1 = 4,\ x_2 = 4.$

CONDICIONES DE PARADA DEL ALGORITMO

Para determinar la última iteración es necesario estimar el error cometido en cada iteración, lo que puede hacerse con alguno de los siguientes *criterios de parada*:

- *Norma del residuo* $\|\mathbf{r}_k\|$. Siendo A una matriz no singular, puesto que $\mathbf{r}_k = -A\mathbf{e}_k$, si $\mathbf{r}_k = \mathbf{0}$ implica que $\mathbf{e}_k = \mathbf{0}$. En consecuencia, cuanto menor sea $\|\mathbf{r}_k\|$, más cerca estará $\mathbf{x}_k$ de la solución.

- *Norma de la diferencia de dos soluciones consecutivas* $\|\mathbf{x}_{k+1} - \mathbf{x}_k\|$. Si esta norma se hace cada vez más pequeña, la sucesión de vectores $\{\mathbf{x}_k\}$ tiene un límite que coincide con la solución del sistema, lo que sucede en el caso de que A sea definida positiva. Por tanto, cuanto menor sea $\|\mathbf{x}_{k+1} - \mathbf{x}_k\|$, más cerca se estará de la solución.

En la práctica se exige que el algoritmo termine cuando la norma correspondiente sea menor que un cierto valor, ε, fijado de antemano, ya que la exigencia de que la norma sea nula en un número finito de operaciones es casi imposible de conseguir.

2.8.3. Método del gradiente conjugado

Este método es una mejora del *método de máxima pendiente o del gradiente*. En este caso no se toma como dirección de descenso la dada por el gradiente en la iteración k, sino una combinación de la dirección de dicho gradiente y de las direcciones de búsqueda anteriores, de modo que la nueva dirección de búsqueda sea ortogonal a ellas respecto de la matriz A.

- **Paso 1**. Se elige la primera dirección

  $$\mathbf{d}_0 = \mathbf{r}_0 = \mathbf{b} - A\mathbf{x}_0 = -\nabla f(\mathbf{x}_0)$$

  Se calcula α_0 como en el anterior algoritmo, minimizando la forma cuadrática

  $$f(\mathbf{x}_0 + \alpha_0\mathbf{d}_0) = \min_{\alpha\in\mathbb{R}} f(\mathbf{x}_0 + \alpha\mathbf{d}_0)$$

  de donde resulta

  $$\alpha_0 = \frac{\mathbf{d}_0{}^T\mathbf{d}_0}{\mathbf{d}_0{}^T A\mathbf{d}_0} = \frac{\mathbf{r}_0{}^T\mathbf{r}_0}{\mathbf{r}_0{}^T A\mathbf{r}_0}.$$

  Por lo que la nueva solución es

  $$\mathbf{x}_1 = \mathbf{x}_0 + \alpha_0\mathbf{d}_0$$

- **Paso k**. Las otras direcciones serán conjugadas al gradiente, de ahí el nombre de *método del gradiente conjugado.*

  Una forma práctica de exigir esta condición es hacer que la siguiente dirección de búsqueda se construya a partir del residuo actual $\mathbf{r}_k = \mathbf{b} - A\mathbf{x}_k$, y de todas las direcciones de búsqueda anteriores.

  La restricción de conjugación es una restricción de ortogonalidad, por lo que se construye la base formada por las direcciones conjugadas utilizando el método de ortonormalización de Gram-Schmidt, de donde resulta

  $$\mathbf{d}_k = \mathbf{r}_k - \sum_{i<k} \frac{\mathbf{r}_k^T A\mathbf{d}_i}{\mathbf{d}_i^T A\mathbf{d}_i}\mathbf{d}_i, \quad k \geq 1. \tag{2.23}$$

Dada la conjugación de las direcciones $\mathbf{d}_0, \mathbf{d}_1, \cdots \mathbf{d}_{k-1}$, respecto de la matriz A, que implica $\mathbf{r}_k^T A\mathbf{d}_i = 0,\ \forall i \leq k-2$, el resto de las direcciones de búsqueda se construye como sigue

$$\mathbf{d}_k = \mathbf{r}_k + \beta_k \mathbf{d}_{k-1}, \quad k \geq 1 \tag{2.24}$$

donde

$$\beta_k = -\frac{\mathbf{r}_k^T A\mathbf{d}_{k-1}}{\mathbf{d}_{k-1}^T A\mathbf{d}_{k-1}}, \quad k \geq 1 \tag{2.25}$$

Siguiendo esta dirección, la próxima iteración es

$$\mathbf{x}_{k+1} = \mathbf{x}_k + \alpha_k \mathbf{d}_k, \quad k \geq 0 \tag{2.26}$$

donde α_k se obtiene al minimizar la forma cuadrática

$$f(\mathbf{x}_{k+1}) = \min_{\alpha \in \mathbb{R}} f(\mathbf{x}_k + \alpha \mathbf{d}_k)$$

con lo que resulta

$$\alpha_k = \frac{\mathbf{d}_k^T \mathbf{r}_k}{\mathbf{d}_k^T A\mathbf{d}_k} \tag{2.27}$$

Los parámetros α_k y β_k también se pueden expresar en función de los residuos. Teniendo en cuenta la definición del residuo y la relación (2.26), se tiene

$$\left\{ \begin{array}{lcl} \mathbf{r}_k & = & \mathbf{b} - A\mathbf{x}_k \\ \mathbf{x}_k & = & \mathbf{x}_{k-1} + \alpha_{k-1}\mathbf{d}_{k-1} \end{array} \right. \Rightarrow \mathbf{r}_k = \mathbf{r}_{k-1} - \alpha_{k-1} A\mathbf{d}_{k-1} \Rightarrow A\mathbf{d}_{k-1} = \frac{\mathbf{r}_{k-1} - \mathbf{r}_k}{\alpha_{k-1}} \tag{2.28}$$

Multiplicando la igualdad (2.28) por $\mathbf{r}_k^T$ y aplicando que $\mathbf{r}_k^T \mathbf{r}_{k-1} = 0$, el numerador de β_k queda

$$\mathbf{r}_k^T A\mathbf{d}_{k-1} = -\frac{1}{\alpha_{k-1}} \mathbf{r}_k^T \mathbf{r}_k \tag{2.29}$$

Utilizando la relación (2.24) y que $\mathbf{d}_{k-2}^T A\mathbf{d}_{k-1} = 0$, se cumple

$$\mathbf{d}_{k-1}^T A\mathbf{d}_{k-1} = (\mathbf{r}_{k-1} + \beta_{k-1}\mathbf{d}_{k-2})^T A\mathbf{d}_{k-1} = \mathbf{r}_{k-1}^T A\mathbf{d}_{k-1} \tag{2.30}$$

Multiplicando la igualdad (2.28) por $\mathbf{r}_{k-1}^T$, con $\mathbf{r}_{k-1}^T \mathbf{r}_k = 0$, el denominador de β_k queda

$$\mathbf{d}_{k-1}^T A\mathbf{d}_{k-1} = \frac{1}{\alpha_{k-1}} \mathbf{r}_{k-1}^T \mathbf{r}_{k-1} \tag{2.31}$$

De las expresiones (2.29) y (2.31), el coeficiente β_k es

$$\beta_k = -\frac{-\frac{1}{\alpha_{k-1}} \mathbf{r}_k^T \mathbf{r}_k}{\frac{1}{\alpha_{k-1}} \mathbf{r}_{k-1}^T \mathbf{r}_{k-1}} = \frac{\mathbf{r}_k^T \mathbf{r}_k}{\mathbf{r}_{k-1}^T \mathbf{r}_{k-1}}, \quad k \geq 1$$

Teniendo en cuenta (2.31) y (2.30), se deduce que

$$\alpha_k = \frac{\mathbf{r}_k^T \mathbf{r}_k}{\mathbf{d}_k^T A\mathbf{d}_k} = \frac{\mathbf{r}_k^T \mathbf{r}_k}{\mathbf{r}_k^T A\mathbf{d}_k}, \quad k \geq 0$$

Si no se tiene en cuenta el error de redondeo, el método acaba, a lo sumo, en n pasos (ya que la base tiene exactamente n elementos), siendo n el tamaño de la matriz de coeficientes.
En la práctica, sin embargo, ocurren los dos fenómenos siguientes:

- Después de n pasos puede no haberse alcanzado la solución exacta debido a los errores de redondeo.
- El método está diseñado para construir la base de direcciones vector a vector de tal forma que, en general, se encuentra una aproximación $\mathbf{x}_k$ suficientemente precisa para $k \ll n$.

Ejemplo 11. *Dado el sistema lineal* $A\boldsymbol{x} = \boldsymbol{b}$ *con*

$$A = \begin{pmatrix} 15 & 1 \\ 1 & 1 \end{pmatrix}, \quad \boldsymbol{b} = \begin{pmatrix} 1 \\ 0 \end{pmatrix}$$

Demuestre que se puede aplicar el método del gradiente conjugado y realice dos iteraciones de dicho método tomando como semilla

$$\boldsymbol{x}_0 = \begin{pmatrix} 1 \\ 10.5 \end{pmatrix}$$

Solución

La matriz A es simétrica y sus menores $A_{11} = 15$ y $A_{22} = 14$ son positivos, por lo que la matriz cumple el criterio de Sylvester y es definida positiva. Por tanto, se puede aplicar el método del gradiente conjugado.

Partiendo de la semilla $\mathbf{x}_0$, se calcula el residuo

$$\mathbf{r}_0 = \mathbf{b} - A\mathbf{x}_0 = \begin{pmatrix} -24.5 \\ -11.5 \end{pmatrix}$$

y la primera dirección de descenso es

$$\mathbf{d}_0 = \mathbf{r}_0$$

Se calcula el parámetro α_0

$$\alpha_0 = \frac{\mathbf{r}_0^T \mathbf{d}_0}{\mathbf{d}_0^T A \mathbf{d}_0} = \frac{(-24.5 \quad -11.5)\begin{pmatrix} -24.5 \\ -11.5 \end{pmatrix}}{(-24.5 \quad -11.5)\begin{pmatrix} 15 & 1 \\ 1 & 1 \end{pmatrix}\begin{pmatrix} -24.5 \\ -11.5 \end{pmatrix}} = 0.075519356667869$$

para obtener la primera iteración del método

$$\mathbf{x}_1 = \mathbf{x}_0 + \alpha_0 \mathbf{d}_0 = \begin{pmatrix} 1 \\ 10.5 \end{pmatrix} + 0.075519356667869 \begin{pmatrix} -24.5 \\ -11.5 \end{pmatrix} = \begin{pmatrix} -0.850224238362802 \\ 9.631527398319500 \end{pmatrix}$$

A continuación se calcula el residuo correspondiente a la primera iteración

$$\mathbf{r}_1 = \mathbf{r}_0 - \alpha_0 A \mathbf{d}_0 = \begin{pmatrix} 4.121836177122533 \\ -8.781303159956700 \end{pmatrix},$$

el coeficiente

$$\beta_1 = \frac{\mathbf{r}_1^T \mathbf{r}_1}{\mathbf{r}_0^T \mathbf{r}_0} = 0.128465281444507,$$

la nueva dirección

$$\mathbf{d}_1 = \mathbf{r}_1 + \beta_1 \mathbf{d}_0 = \begin{pmatrix} 0.974436781732105 \\ -10.258653896568530 \end{pmatrix}$$

y el parámetro

$$\alpha_1 = \frac{\mathbf{r}_1^T \mathbf{d}_1}{\mathbf{d}_1^T A \mathbf{d}_1} = 0.945831301803999$$

Análogamente, se hacen los cálculos para la segunda iteración del método.
Se calcula el residuo correspondiente a la segunda iteración

$$\mathbf{r}_2 = \mathbf{r}_1 - \alpha_1 A\mathbf{d}_1 = \begin{pmatrix} -0.000000000000024 \\ 0 \end{pmatrix}$$

el coeficiente

$$\beta_2 = \frac{\mathbf{r}_2^T\mathbf{r}_2}{\mathbf{r}_1^T\mathbf{r}_1} = 6 \times 10^{-30}$$

y la nueva dirección

$$\mathbf{d}_2 = \mathbf{r}_2 + \beta_2\mathbf{d}_1 = \begin{pmatrix} -0.000000000000024 \\ -6 \times 10^{-29} \end{pmatrix}$$

Observación

- En este ejemplo se han utilizado 16 decimales en lugar de trabajar con aritmética exacta. Esto se traduce en errores de redondeo que hacen que el valor de β_2 sea 6×10^{-30} en lugar de cero, como sería teóricamente.
- El error de redondeo también implica que aparece un tercer vector $\mathbf{d}_2 \neq \mathbf{0}$, aunque en este caso una base sólo tiene dos vectores (mismo número de vectores que tamaño de la matriz del sistema).
- Salvo por el error de redondeo, el método se puede parar tras dos iteraciones.
- Las direcciones obtenidas son conjugadas respecto a la matriz A (salvo por el error de redondeo). En este caso: $\mathbf{d}_1^T A\mathbf{d}_2 = -2.3386 \times 10^{-14} \neq 0$

Teorema 3. *Sea $A \in M_n(\mathbb{R})$ una matriz simétrica y definida positiva y $\mathbf{b} \in \mathbb{R}^n$. La sucesión $\{\mathbf{x}_k\}_{k\geq 0}$ del gradiente conjugado converge hacia $\mathbf{x}$, solución exacta del sistema $A\mathbf{x} = \mathbf{b}$, para cualquier $\mathbf{x}_0 \in \mathbb{R}^n$. Además, el error absoluto medido en la norma A, satisface*

$$\|\mathbf{x} - \mathbf{x}_k\|_A \leq 2 \left(\frac{\sqrt{\kappa_2(A)} - 1}{\sqrt{\kappa_2(A)} + 1} \right)^k \|\mathbf{x} - \mathbf{x}_0\|_A,$$

donde $\kappa_2(A) = \|A\|_2\|A^{-1}\|_2$ y $\|\mathbf{x}\|_A = \sqrt{\mathbf{x}^T A\mathbf{x}}$.

En general, el error en el paso k es bastante menor que la cota superior que proporciona el teorema, que da una estimación conservadora.

2.8.4. Gradiente conjugado precondicionado

La convergencia rápida del método del gradiente conjugado es posible si el $\kappa(A)$ es pequeño. Es decir, para aumentar la velocidad de convergencia es necesario reducir el número de condición.
Una forma de mejorar el número de condición de la matriz de coeficientes y resolver el sistema lineal por métodos iterativos es precondicionar la matriz de coeficientes. Para construir un precondicionador, se debe tomar en cuenta si la matriz es simétrica o no. Puesto que el método del gradiente conjugado se aplica a los sistemas lineales simétricos y definidos positivos, se procederá a construir precondicionadores para matrices simétricas.
Dada una matriz simétrica A y una matriz no singular C, los sistemas de ecuaciones lineales

$$A\mathbf{x} = \mathbf{b} \text{ y } (C^{-1}AC^{-T})C^T\mathbf{x} = C^{-1}\mathbf{b}$$

son equivalentes en el sentido de que ambos tienen la misma solución. La matriz $M = C^{-1}AC^{-T}$ también es simétrica y C se conoce como el *precondicionador* de A. Para que la nueva matriz de coeficientes M sea bien condicionada, ese producto debe ser próximo a la matriz identidad o tener sus autovalores próximos a la unidad. Esto permitirá resolver un sistema lineal con mayor estabilidad numérica.

Si A es definida positiva, teóricamente el mejor precondicionador es la inversa de la factorización de Cholesky, o sea,

$$\left\{\begin{array}{lcl} A & = & LL^T \\ C & = & L \end{array}\right. \Rightarrow M = C^{-1}AC^{-T} = L^{-1}LL^TL^{-T} = I \tag{2.32}$$

El sistema precondicionado tiene la forma

$$M\breve{\mathbf{x}} = \breve{\mathbf{b}},$$

donde $\breve{\mathbf{b}} = C^{-1}\mathbf{b}$ y $\breve{\mathbf{x}} = C^T\mathbf{x}$.

Normalmente M no se calcula explícitamente. En métodos iterativos se aplica la multiplicación de matriz por vector, o sea

$$M\mathbf{v} = (C^{-1}AC^{-T})\mathbf{v} = C^{-1}(A(C^{-T})\mathbf{v})$$

El equilibrio entre el coste computacional de cálculo del precondionador y lo razonablemente bien condicionada que sea la matriz obtenida, determina la bondad del precondicionador.

Dada una matriz A simetrica y definida positiva, unos precondicionadores triviales que pueden ser útiles son

$$C = diag(A)^{-1} \text{ ó } C = diag(A)^{-1/2}$$

donde $diag(A)$ es la matriz diagonal formada por los elementos $a_{11}, a_{22}, \ldots, a_{nn}$.

Otra opción es el precondicionador de Gauss-Seidel simetrizado. Dadas las matrices L triangular inferior con ceros en la diagonal, D diagonal y U triangular superior con ceros en la diagonal tales que $A = L + D + U$, se define

$$M = (L + D)D^{-1}(D + U)$$

Como A es simétrica, entonces $U = L^T$ y, por tanto, M es simétrica.

Una aplicacion importante es la resolución numérica de ecuaciones diferenciales parciales mediante la aplicacion de métodos de elementos finitos, donde las matrices involucradas no están muy mal condicionadas.

Ejemplo 12. *Se considera la matriz simétrica mal condicionada*

$$A = \begin{pmatrix} 10^{20} & 1 \\ 1 & 10^{-10} \end{pmatrix}$$

Los autovalores de esta matriz son

$$\lambda_1 = 1.000000000 \times 10^{20}, \quad \lambda_2 = 9.999999999 \times 10^{-11}$$

por lo que el número de condición es

$$\kappa(A) = \frac{\lambda_1}{\lambda_2} = 1.0000000001 \times 10^{30} \gg 1$$

Se propone como precondicionador la siguiente matriz diagonal

$$C = diag(A)^{1/2} = \begin{pmatrix} 10^{10} & 0 \\ 0 & 10^{-5} \end{pmatrix}$$

con lo que

$$M = C^{-1}AC^{-T} = \begin{pmatrix} 10^{-10} & 0 \\ 0 & 10^{5} \end{pmatrix} \begin{pmatrix} 10^{20} & 1 \\ 1 & 10^{-10} \end{pmatrix} \begin{pmatrix} 10^{-10} & 0 \\ 0 & 10^{5} \end{pmatrix} = \begin{pmatrix} 1 & 10^{-5} \\ 10^{-5} & 1 \end{pmatrix}$$

cuyos autovalores son

$$\lambda_1 = 1.00001, \quad \lambda_2 = 9.999899 \times 10{-}1$$

Luego, el número de condición de la matriz precondicionada es $\kappa(M) = 1.000020000200002$.
Se comprueba que el factor de Cholesky L

$$L = \begin{pmatrix} 10^{10} & 0 \\ 0 & 10^{-5} \end{pmatrix}$$

es un buen precondicionador.
Está claro que obtener el factor de Cholesky L es otro problema, por lo que una aproximación de L podría ser un buen precondicionador.

Problemas No Lineales

3.1. Sistemas no lineales

Los problemas lineales pueden expresarse en su forma matricial

$$A\mathbf{x} = \mathbf{b}, \quad A \in \mathcal{M}_{m\times n} \tag{3.1}$$

donde A es una matriz de coeficientes constantes, **x** es el vector de variables del modelo y **b** el vector de datos, y también en su forma explícita

$$b_i = \sum_{j=1}^{n} a_{ij}x_j, \quad i = 1, \ldots, m$$

A diferencia de los problemas lineales, los problemas no lineales se expresan de la forma

$$\mathbf{A}(\mathbf{x}) = \mathbf{b} \tag{3.2}$$

donde

$$\begin{array}{rcl} \mathbf{A} \;:\; \mathbb{R}^n & \rightarrow & \mathbb{R}^m \\ \mathbf{x} & \rightarrow & \mathbf{A}(\mathbf{x}) = (A_1(\mathbf{x}), A_1(\mathbf{x}), \ldots A_m(\mathbf{x})) \end{array}$$

es un campo vectorial de m componentes, que son campos escalares, y tales que alguna o todas ellas son no lineales

$$\begin{array}{rcl} A_i \;:\; \mathbb{R}^n & \rightarrow & \mathbb{R} \\ \mathbf{x} & \rightarrow & A_i(\mathbf{x}) \end{array}$$

es decir, no son hiperplanos de $\mathbb{R}^n$

$$A_i(\mathbf{x}) \neq a_{i1}x_1 + a_{i2}x_2 \cdots + a_{in}x_n, \quad \mathbf{x} = (x_1, x_2, \ldots, x_n)$$

En general, se dice que **A** es no lineal si

$$\mathbf{A}\left(\sum_{k=1}^{p} \lambda_k \mathbf{x}_k\right) \neq \sum_{k=1}^{p} \lambda_k \mathbf{A}(\mathbf{x}_k), \quad \lambda_k \in \mathbb{R}, \quad \mathbf{x}_k \in \mathbb{R}^n$$

es decir, si no verifica el principio de superposición y, por tanto, **A** no está representada por una matriz.
Para linealizar un problema de la forma(3.2) se siguen los siguientes pasos:

1. Se propone un candidato a solución $\mathbf{x}_0$ y se calcula el error de predicción

$$\mathbf{r}(\mathbf{x}_0) = \mathbf{b} - \mathbf{A}(\mathbf{x}_0) \in \mathbb{R}^m$$

2. Se realiza el desarrollo de Taylor del campo vectorial $\mathbf{A}(\mathbf{x})$ en un entorno de $\mathbf{x}_0$, como por ejemplo una bola abierta $B_d(\mathbf{x}_0, r),\ \ r > 0$ [1],

$$\mathbf{A}(\mathbf{x}) = \mathbf{A}(\mathbf{x}_0) + J_A(\mathbf{x}_0)(\mathbf{x} - \mathbf{x}_0) + \mathbf{O}((\mathbf{x} - \mathbf{x}_0)^2) \tag{3.3}$$

donde

- $\mathbf{O}(\cdot) = (O_1(\cdot), O_1(\cdot), \ldots, O_m(\cdot))$ verifica que

$$\frac{O_i(\mathbf{x} - \mathbf{x}_0)^2}{\|\mathbf{x} - \mathbf{x}_0\|} \underset{\mathbf{x} \to \mathbf{x}_0}{\longrightarrow} 0$$

  es decir, los términos de orden superior a 1 del desarrollo de Taylor decrecen más rápidamente que la distancia entre $\mathbf{x}$ y $\mathbf{x}_0$.

- $J_A(\mathbf{x}_0)$ es la matriz jacobiana de $\mathbf{A}$ en $\mathbf{x}_0$ y cumple

$$J_A(\mathbf{x}_0) \overset{def.}{=} \left[\frac{\partial \mathbf{A}}{\partial x_1}(\mathbf{x}_0)\ \frac{\partial \mathbf{A}}{\partial x_2}(\mathbf{x}_0) \ldots \frac{\partial \mathbf{A}}{\partial x_n}(\mathbf{x}_0)\right] \in M_{m \times n}(\mathbb{R})$$

- $\dfrac{\partial \mathbf{A}}{\partial x_j}(\mathbf{x}_0)$ es la derivada parcial de una función de m variables

$$\frac{\partial \mathbf{A}}{\partial x_j}(\mathbf{x}_0) \overset{def.}{=} \left[\frac{\partial A_1}{\partial x_j}(\mathbf{x}_0)\ \frac{\partial A_2}{\partial x_j}(\mathbf{x}_0) \ldots \frac{\partial A_m}{\partial x_j}(\mathbf{x}_0)\right]^T \in \mathbb{R}^m$$

- Cada una de las componentes

$$\frac{\partial A_i}{\partial x_j}(\mathbf{x}_0) \approx \frac{A_i(\omega_1, \ldots, \omega_j + h, \ldots \omega_n) - A_i(\omega_1, \ldots, \omega_j, \ldots \omega_n)}{h},$$

  con $\mathbf{x}_0 = (\omega_1, \ldots, \omega_n)$.

Como

$$J_{A_{ij}}(\mathbf{x}_0) = \frac{\partial A_i}{\partial x_j}(\mathbf{x}_0)$$

hace variar la coordenada i-ésima del dato cuando se perturba la coordenada j-ésima del modelo $\mathbf{x}_0$, la matriz $J_A(\mathbf{x}_0)$ es conocida como *matriz de sensibilidad* de $\mathbf{A}$ en $\mathbf{x}_0$. Por ejemplo, si $J_{A_{ij}}(\mathbf{x}_0) = 0$ significa que la coordenada j del modelo no influye en la predicción de la coordenada i del dato.

3. Se trunca el desarrollo de Taylor (3.3) a partir de los términos de orden 1,

$$\mathbf{b} = \mathbf{A}(\mathbf{x}) \approx \mathbf{A}(\mathbf{x}_0) + J_A(\mathbf{x}_0)(\mathbf{x} - \mathbf{x}_0). \tag{3.4}$$

A continuación, se contemplan dos alternativas para obtener la solución del problema linealizado:

$$\mathbf{A}(\mathbf{x}_0) + J_A(\mathbf{x}_0)(\mathbf{x} - \mathbf{x}_0) = \mathbf{b} \tag{3.5}$$

[1]Una bola abierta es el conjunto de puntos que distan de otro punto (centro) una distancia menor a una determinada (radio): $B_d(a, r) = \{x \in E | d(a, x) < r\}$, donde (E, d) es un espacio métrico.

3.1.1. Método creeping

La ecuación (3.5), se puede reescribir de la forma

$$J_A(\mathbf{x}_0)\Delta\mathbf{x} = \mathbf{b} - \mathbf{A}(\mathbf{x}_0) \tag{3.6}$$

donde $\Delta\mathbf{x} = \mathbf{x} - \mathbf{x}_0$, cuya solución es

$$\Delta\mathbf{x} = J_A^{\dagger}(\mathbf{x}_0)\mathbf{r}(\mathbf{x}_0) \tag{3.7}$$

a partir de la que se calcula la nueva iteración

$$\mathbf{x}_1 = \mathbf{x}_0 + \Delta\mathbf{x}$$

El proceso finaliza si $\|\mathbf{r}(\mathbf{x}_1)\| = \|\mathbf{b} - A(\mathbf{x}_1)\| < \varepsilon$, siendo ε una cantidad prefijada de antemano. En caso contrario, se hace $\mathbf{x}_0 = \mathbf{x}_1$ y se resuelve de nuevo la ecuación(3.6).

Observaciones

- El sistema (3.7) sólo tiene validez en una bola abierta $B(\mathbf{x}_0, r)$, y para pequeños valores de r. Además, la región donde la linealización es válida depende de la suavidad de las funciones $A_i(\mathbf{x})$.
- La matriz J_A cambia con cada iteración, pues depende de $\mathbf{x}_k$. Puesto que esto requiere mucho tiempo de cálculo, a menudo se utiliza la misma matriz J_A para más de una iteración.
- El algoritmo descrito utiliza la estrategia de creeping o formulación en incrementos, en la que basta encontrar la perturbación del modelo $\Delta\mathbf{x}$ que verifique la ecuación (3.7). Una desventaja del método es que el sistema lineal correspondiente suele estar mal condicionado y no se conocen restricciones para $\Delta\mathbf{x}$, y otra es que depende significativamente de la elección del modelo inicial $\mathbf{x}_0$, de modo que una pequeña variación de éste puede dar lugar a un modelo final distinto.
- En problemas no lineales puede ocurrir que alguna iteración proporcione un resultado más alejado de la solución que iteraciones anteriores. Esto sucede especialmente en los primeros pasos del algoritmo, cuando aún se está lejos de la solución, pero no significa que no converja a ésta.

3.1.2. Método jumping

A partir de la ecuación (3.6), se puede escribir

$$J_A(\mathbf{x}_0)(\mathbf{x}) = \mathbf{r}(\mathbf{x}_0) + J_A(\mathbf{x}_0)\mathbf{x}_0 \tag{3.8}$$

con lo que

$$\mathbf{x}^{\dagger} = J_A^{\dagger}(\mathbf{x}_0)\left(\mathbf{r}(\mathbf{x}_0) + J_A(\mathbf{x}_0)\mathbf{x}_0\right) \tag{3.9}$$

En este punto, si la matriz jacobiana es regular, por tanto $J_A^{\dagger}(\mathbf{x}_0)J_A(\mathbf{x}_0) = I_m$, combinando la expresión (3.9) junto con (3.7) queda

$$\mathbf{x}^{\dagger} = \mathbf{x}_0 + J_A^{\dagger}(\mathbf{x}_0)\mathbf{r}(\mathbf{x}_0) = \mathbf{x}_0 + \Delta\mathbf{x} \tag{3.10}$$

por lo que la solución proporcionada por los métodos de creeping y jumping coincide. Esto no siempre es así ya que no siempre se cumple que $J_A^{\dagger}(\mathbf{x}_0)J_A(\mathbf{x}_0) = I_n$.

OBSERVACIONES

- El método jumping calcula directamente la nueva solución, en lugar de calcular una perturbación del modelo inicial, como en el método creeping. Esta estrategia está motivada porque se quieren conocer los modelos próximos al inicial $\mathbf{x}_0$ que proporcionan el mismo modelo final, haciendo así la solución menos sensible a pequeños cambios en el modelo inicial.
- La ecuación (3.10) es algebraicamente equivalente a la obtenida con creeping, pero la diferencia es que ahora se calcula directamente el nuevo modelo. De esta manera, se pueden añadir restricciones al modelo, como por ejemplo la condición de suavizado. Por ejemplo, si el modelo inicial no es regular, aplicar una restricción de suavidad a $\Delta\mathbf{x}$ puede no tener sentido, por eso con esta nueva formulación se puede aplicar la restricción directamente al modelo. Las restricciones pueden compensar el desajuste, $\Delta\mathbf{x}$, permitiendo así la optimización de parámetros físicamente significativos. Esta nueva formulación tiende a reducir la fuerte dependencia del algoritmo creeping con el modelo inicial.

Ejemplo 13. *Calcular dos iteraciones de los métodos de creeping y jumping para aproximar la solución del problema no lineal siguiente:*

$$\begin{cases} x_1^2 + x_2^2 = 1 \\ x_1 x_2 = 1 \\ x_2 = 1 \end{cases}$$

En este caso

$$\begin{array}{rccl} \mathbf{A} : & \mathbb{R}^2 & \to & \mathbb{R}^3 \\ & \mathbf{x} = (x_1, x_2) & \to & \mathbf{A}(x_1, x_2) = \left(x_1^2 + x_2^2,\ x_1 x_2,\ x_2\right) \end{array}$$

y

$$\mathbf{b} = \begin{pmatrix} 1 \\ 1 \\ 1 \end{pmatrix}$$

y se trata de un sistema incompatible.

Método creeping:

- **Primera iteración**
  - Se elige un modelo inicial $\mathbf{x}_0 = (1, 1)$
  - Se calcula el error de predicción de este modelo

$$\mathbf{r}(\mathbf{x}_0) = \mathbf{b} - \mathbf{A}(\mathbf{x}_0) = \begin{pmatrix} -1 \\ 0 \\ 0 \end{pmatrix}$$

  - Se construye la matriz jacobiana

$$J_A = \begin{pmatrix} \frac{\partial A_1}{\partial x_1} & \frac{\partial A_1}{\partial x_2} \\ \frac{\partial A_2}{\partial x_1} & \frac{\partial A_2}{\partial x_2} \\ \frac{\partial A_3}{\partial x_1} & \frac{\partial A_3}{\partial x_2} \end{pmatrix} = \begin{pmatrix} 2x_1 & 2x_2 \\ x_2 & x_1 \\ 0 & 1 \end{pmatrix}$$

  y

$$J_A(\mathbf{x}_0) = \begin{pmatrix} 2 & 2 \\ 1 & 1 \\ 0 & 1 \end{pmatrix}$$

  La matriz jacobiana es de rango máximo.

- Se calcula

$$\Delta \mathbf{x}^{\dagger} = J_A^{\dagger}(\mathbf{x}_0)\mathbf{r}(\mathbf{x}_0)$$

  donde

$$J_A^{\dagger}(\mathbf{x}_0) = (J_A^T(\mathbf{x}_0)J_A(\mathbf{x}_0))^{-1}J_A^T(\mathbf{x}_0) = \begin{pmatrix} \frac{2}{5} & \frac{1}{5} & -1 \\ 0 & 0 & 1 \end{pmatrix}$$

  entonces

$$\Delta \mathbf{x}^{\dagger} = J_A^{\dagger}(\mathbf{x}_0)\mathbf{r}(\mathbf{x}_0) = \begin{pmatrix} -\frac{2}{5} \\ 0 \end{pmatrix}$$

  con lo que

$$\mathbf{x}_1 = \mathbf{x}_0 + \Delta \mathbf{x}^{\dagger} = \begin{pmatrix} \dfrac{3}{5} \\ 1 \end{pmatrix}$$

- **Segunda iteración**
  - El modelo inicial es $\mathbf{x}_1$
  - Se calcula el error de predicción de este modelo

$$\mathbf{r}(\mathbf{x}_1) = \mathbf{b} - \mathbf{A}(\mathbf{x}_1) = \begin{pmatrix} -\frac{9}{25} \\ \frac{2}{5} \\ 0 \end{pmatrix}$$

  - Se construye la matriz jacobiana en $\mathbf{x}_1$

$$J_A(\mathbf{x}_1) = \begin{pmatrix} \frac{9}{5} & 2 \\ 1 & \frac{3}{5} \\ 0 & 1 \end{pmatrix}$$

  - Se calcula

$$\Delta \mathbf{x}^{\dagger} = J_A^{\dagger}(\mathbf{x}_1)\mathbf{r}(\mathbf{x}_1) = \begin{pmatrix} -\dfrac{735}{5444} \\ -\dfrac{621}{3179} \end{pmatrix}$$

    con lo que la nueva solución es

$$\mathbf{x}_2 = \mathbf{x}_1 + \Delta \mathbf{x}^{\dagger} = \begin{pmatrix} \dfrac{993}{1351} \\ \dfrac{795}{988} \end{pmatrix} = \begin{pmatrix} 0.7350 \\ 0.8047 \end{pmatrix}$$

El método no converge porque el sistema inicial no tiene solución.

Método jumping

- **Primera iteración** Se utiliza directamente la fórmula (3.10)

$$\mathbf{x}_1 = J_A^{\dagger}(\mathbf{x}_0)\left(\mathbf{r}(\mathbf{x}_0) + J_A(\mathbf{x}_0)\mathbf{x}_0\right) - \begin{pmatrix} \dfrac{3}{5} \\ 1 \end{pmatrix}$$

- **Segunda iteración** De forma análoga

$$\mathbf{x}_2 = J_A^{\dagger}(\mathbf{x}_1)\left(\mathbf{r}(\mathbf{x}_1) + J_A(\mathbf{x}_1)\mathbf{x}_1\right) = \begin{pmatrix} \dfrac{993}{1351} \\ \dfrac{795}{988} \end{pmatrix} = \begin{pmatrix} 0.7350 \\ 0.8047 \end{pmatrix}$$

que coinciden con las proporcionadas por el algoritmo de creeping.

Ejemplo 14. *Calcular dos iteraciones de los métodos de creeping y jumping para aproximar la solución del problema no lineal siguiente:*

$$\left\{\begin{array}{l} x_1^2 + x_2^2 - x_3^2 = 1 \\ x_1 x_3^2 + x_2 = 6 \\ x_1 x_2 + x_2^3 - x_3^2 = 6 \end{array}\right.$$

En este caso

$$\begin{array}{llll} \mathbf{A} : & \mathbb{R}^3 & \rightarrow & \mathbb{R}^3 \\ & \mathbf{x} = (x_1, x_2, x_3) & \rightarrow & \mathbf{A}(x_1, x_2, x_3) = \left(x_1^2 + x_2^2 - x_3^2,\ x_1 x_3^2 + x_2,\ x_1 x_2 + x_2^3 - x_3^2\right) \end{array}$$

y

$$\mathbf{b} = \begin{pmatrix} 1 \\ 6 \\ 6 \end{pmatrix}$$

y se trata de un sistema compatible, cuya solución es $(1, 2, 2)$.

Método creeping:

- **Primera iteración**
  - Se elige un modelo inicial $\mathbf{x}_0 = (0, 1, 1)$
  - Se calcula el error de predicción de este modelo

$$\mathbf{r}(\mathbf{x}_0) = \mathbf{b} - \mathbf{A}(\mathbf{x}_0) = \begin{pmatrix} 1 \\ 5 \\ 6 \end{pmatrix}$$

  - Se construye la matriz jacobiana

$$J_A = \begin{pmatrix} \frac{\partial A_1}{\partial x_1} & \frac{\partial A_1}{\partial x_2} \\ \frac{\partial A_2}{\partial x_1} & \frac{\partial A_2}{\partial x_2} \\ \frac{\partial A_3}{\partial x_1} & \frac{\partial A_3}{\partial x_2} \end{pmatrix} = \begin{pmatrix} 2x_1 & 2x_2 & -2x_3 \\ x_3^2 & 1 & 2x_1 x_3 \\ x_2 & x_1 + 3x_2^2 & -2x_3 \end{pmatrix}$$

  y

$$J_A(\mathbf{x}_0) = \begin{pmatrix} 0 & 2 & -2 \\ 1 & 1 & 0 \\ 1 & 3 & -2 \end{pmatrix}$$

  La matriz jacobiana es deficiente en rango, por lo que también lo es su matriz pseudoinversa.

  - Se calcula

$$\Delta\mathbf{x}^{\dagger} = J_A^{\dagger}(\mathbf{x}_0)\mathbf{r}(\mathbf{x}_0)$$

  donde

$$J_A^{\dagger}(\mathbf{x}_0) = (J_A^T(\mathbf{x}_0) J_A(\mathbf{x}_0))^{-1} J_A^T(\mathbf{x}_0) = \begin{pmatrix} \frac{1}{3} & \frac{1}{2} & \frac{1}{6} \\ 0 & \frac{1}{6} & \frac{1}{6} \\ -\frac{1}{3} & \frac{1}{3} & 0 \end{pmatrix}$$

  con lo que

$$\Delta\mathbf{x}^{\dagger} = J_A^{\dagger}(\mathbf{x}_0)\mathbf{r}(\mathbf{x}_0) = \begin{pmatrix} \frac{19}{6} \\ \frac{11}{6} \\ \frac{4}{3} \end{pmatrix}$$

y

$$\mathbf{x}_1 = \mathbf{x}_0 + \Delta\mathbf{x}^\dagger = \begin{pmatrix} \frac{19}{6} \\ \frac{17}{6} \\ \frac{7}{3} \end{pmatrix} = \begin{pmatrix} 3.1667 \\ 2.8333 \\ 2.3333 \end{pmatrix}$$

- **Segunda iteración**
  - El modelo inicial es $\mathbf{x}_1$
  - Se calcula el error de predicción de este modelo

$$\mathbf{r}(\mathbf{x}_1) = \begin{pmatrix} -\frac{209}{18} \\ -\frac{380}{27} \\ -\frac{4379}{216} \end{pmatrix}$$

  - Se construye la matriz jacobiana en $\mathbf{x}_1$

$$J_A(\mathbf{x}_1) = \begin{pmatrix} \frac{19}{3} & \frac{17}{3} & -\frac{14}{3} \\ \frac{49}{9} & 1 & \frac{133}{9} \\ \frac{17}{6} & \frac{109}{4} & -\frac{14}{3} \end{pmatrix}$$

  - Se calcula

$$\Delta\mathbf{x}^\dagger = \begin{pmatrix} -\dfrac{510}{337} \\ \\ -\dfrac{5106}{7895} \\ \\ -\dfrac{1960}{5583} \end{pmatrix}$$

  y la nueva solución es

$$\mathbf{x}_2 = \mathbf{x}_1 + \Delta\mathbf{x}^\dagger = \begin{pmatrix} \dfrac{1197}{724} \\ \\ \dfrac{1207}{552} \\ \\ \dfrac{559}{282} \end{pmatrix} = \begin{pmatrix} 1.6533 \\ 2.1866 \\ 1.9823 \end{pmatrix}$$

El algoritmo converge a la solución en la sexta iteración con un error menor de 10^{-5}.

Método jumping

- **Primera iteración** Se utiliza directamente la fórmula (3.10)

$$\mathbf{x}_1 = J_A^\dagger(\mathbf{x}_0)\left(\mathbf{r}(\mathbf{x}_0) + J_A(\mathbf{x}_0)\mathbf{x}_0\right) = \begin{pmatrix} \dfrac{23}{6} \\ \\ \dfrac{13}{6} \\ \\ \dfrac{5}{3} \end{pmatrix} = \begin{pmatrix} 3.8333 \\ 2.1667 \\ 1.6667 \end{pmatrix}$$

- **Segunda iteración** De forma análoga

$$\mathbf{x}_2 = J_A^{\dagger}(\mathbf{x}_1)\left(\mathbf{r}(\mathbf{x}_1) + J_A(\mathbf{x}_1)\mathbf{x}_1\right) = \begin{pmatrix} \dfrac{1039}{535} \\ \dfrac{1210}{659} \\ \dfrac{1663}{1059} \end{pmatrix} = \begin{pmatrix} 1.9421 \\ 1.8361 \\ 1.5703 \end{pmatrix}$$

que no coinciden con las proporcionadas por el algoritmo de creeping.

El algoritmo converge a la solución, después de 7 iteraciones, con un error menor de 10^{-5}. En este caso las primeras soluciones proporcionadas por ambos métodos no coinciden, empiezan a ser iguales a partir de la séptima iteración.

Diferencias Finitas y Elementos Finitos

4.1. Ecuaciones en derivadas parciales

4.1.1. Introducción

Una ecuación en derivadas parciales (EDP) relaciona las derivadas de una función respecto a las variables de las que depende, que deben ser al menos dos variables independientes. Algunos fenómenos regidos por EDPs son la difusión del calor, la ecuación de onda o las ecuaciones propias de la mecánica de suelos y el cálculo de estructuras.
Las ecuaciones diferenciales ordinarias (EDO) son un subconjunto del conjunto de EDPs, correspondiente a funciones de una sola variable.
Una EDP de una función $u(x_1, x_2, \ldots, x_n)$ es de la forma

$$F(x_1, x_2, \ldots, x_n, u, \frac{\partial u}{\partial x_1}, \ldots, \frac{\partial u}{\partial x_n}, \frac{\partial^2 u}{\partial x_1^2}, \frac{\partial^2 u}{\partial x_1 x_2}, \ldots) = 0$$

Si F es una función lineal de u y sus derivadas, entonces la EDP es lineal, como la ecuación de Laplace, la ecuación del calor y la ecuación de onda.
Al igual que para las ecuaciones diferenciales ordinarias, el **orden** de una ecuación en derivadas parciales es el orden más alto de las derivadas que aparecen en la ecuación. Por ejemplo, una EDP de primer orden es de la forma

$$F(x_1, x_2, \ldots, x_n, u, \frac{\partial u}{\partial x_1}, \ldots, \frac{\partial u}{\partial x_n}) = 0$$

Con el fin de simplificar la notación, se puede adoptar la siguiente forma

$$u_x := \frac{\partial u}{\partial x}, \quad u_{xx} := \frac{\partial^2 u}{\partial x^2}, \quad u_{xy} := \frac{\partial^2 u}{\partial x \partial y}, \quad \ldots$$

Las variables independientes pueden ser coordenadas espaciales, $x_1, x_2, \ldots$, o una coordenada temporal t y el resto espaciales, dependiendo del problema.
Un ejemplo de ecuación de primer orden es la ecuación de Burgers

$$\frac{\partial u(t,x)}{\partial t} + u(t,x)\frac{\partial u(t,x)}{d\partial x} = 0, \quad u_t + uu_x = 0$$

que se emplea en el estudio de ondas de choque en gases.

Tipo	Ecuación	Nombre
Elíptica	$\nabla^2 u = 0$	Laplace
Elíptica	$\nabla^2 u = g$	Poisson
Elíptica	$\nabla^2 u = ku$	Helmholtz
Hiperbólica	$\frac{\partial^2 u}{\partial t^2} = c^2 \nabla^2 u$	Onda
Parabólica	$\frac{\partial u}{\partial t} = k \nabla^2 u$	Difusión

Cuadro 4.1: Algunos ejemplos notables de EDPs de segundo orden

CLASIFICACIÓN DE LAS EDPS DE SEGUNDO ORDEN

Las EDPs de segundo orden se clasifican habitualmente dentro de tres tipos fundamentales. En general, si la EDP de segundo orden es de la forma

$$a_{11}u_{xx} + 2a_{12}u_{xy} + a_{22}u_{yy} + a_{13}u_x + a_{23}u_y + a_{33} = 0$$

se puede clasificar en función del determinante de la submatriz

$$A = \begin{pmatrix} a_{11} & a_{12} \\ a_{12} & a_{22} \end{pmatrix}$$

como sigue:

- Elíptica si $|A| > 0$.
- Hiperbólica si $|A| < 0$.
- Parabólica si $|A| = 0$.

Algunos ejemplos de EDPs de orden superior muy utilizadas en ingeniería son:

- Flexión mecánica de una placa elástica

$$\frac{\partial^4 u}{\partial x^4} + 2\frac{\partial^4 u}{\partial x^2 \partial^2 y^2} + \frac{\partial^4 u}{\partial y^4} = \frac{q(x,y)}{D}$$

  donde $D = \frac{Eh^3}{12(1-\nu)}$ es el factor de rigidez de la placa, h es el espesor de la placa, $q(x,y)$ es la carga externa y E y ν el módulo de Young y el coeficiente de Poisson, respectivamente.

- Deformación a flexión de una viga

$$\rho A\frac{\partial^2 u}{\partial t^2} - \rho I\frac{\partial^2 \left(\frac{\partial^2 u}{\partial x^2}\right)}{\partial x^2} = -\frac{\partial^2}{\partial x^2}\left[EI\frac{\partial^2 u}{\partial x^2}\right]$$

donde el primer término del primer miembro está asociado al efecto de la energía cinética de traslación, el segundo al efecto de la energía de rotación y el término del segundo miembro al efecto del momento flector, siendo ρ la densidad de la viga, A la sección de la viga, E el módulo de Young e I el momento de inercia.

CONDICIONES QUE ACOMPAÑAN A LA ECUACIÓN

Estas condiciones pueden ser:

- Iniciales: Para el caso de problemas evolutivos, se conoce el valor de la función incógnita en el tiempo inicial.
- De contorno:
    - Dirichlet: se conoce el valor de la función incógnita en la frontera.
    - Neumann: Se conoce el valor de las derivadas función incógnita respecto a sus variables en la frontera.
    - Mixtas: Participan de las dos anteriores.

4.2. Diferencias finitas

4.2.1. Introducción

El *Método de Diferencias Finitas* (MDF) consiste en una discretización del dominio del problema, y en la sustitución de las derivadas que aparecen en las ecuaciones del modelo por aproximaciones en diferencias.
Los pasos a seguir para la resolución del problema son los siguientes:

- Mallado del dominio: Se discretiza el dominio de la variable independiente en una malla o rejilla. Esto implica dividir el dominio en puntos o nodos, que pueden ser equidistantes o no.
- Aproximación de las derivadas: Se reemplazan las derivadas de la ecuación diferencial por diferencias finitas. Dependiendo del orden de precisión deseado, se pueden utilizar diferentes fórmulas, siendo las más comunes las diferencias progresivas, las diferencias regresivas y las diferencias centradas.
- Discretización de la ecuación diferencial: Se sustituyen las derivadas en la ecuación diferencial original utilizando las aproximaciones de diferencias finitas obtenidas en el paso anterior. Esto conduce a una versión discretizada de la ecuación diferencial en términos de los valores desconocidos en los nodos de la malla.
- Aproximación de las condiciones iniciales y de contorno.
- Formulación del sistema de ecuaciones: La ecuación diferencial discretizada se convierte en un sistema de ecuaciones algebraicas lineales. Cada ecuación del sistema corresponde a un nodo de la malla y contiene incógnitas asociadas a los valores desconocidos en los nodos vecinos.
- Resolución numérica del sistema de ecuaciones lineales: Se resuelve el sistema de ecuaciones lineales para determinar los valores desconocidos en los nodos de la malla mediante métodos numéricos como la eliminación de Gauss, la factorización LU o métodos iterativos como el método de Jacobi o el método de Gauss-Seidel.

- Postprocesamiento de los resultados: Una vez que se obtienen las soluciones numéricas en los nodos de la malla, se pueden realizar análisis adicionales, como la interpolación de los resultados en puntos intermedios o la visualización de las soluciones obtenidas.

Es importante tener en cuenta que la elección adecuada de la discretización, las aproximaciones de diferencias finitas y el método de resolución del sistema de ecuaciones dependerá de la naturaleza específica de la ecuación diferencial y las condiciones de contorno asociadas.

4.2.2. Discretización uniforme unidimensional

En el caso unidimensional, cuando el dominio es un intervalo $[a, b]$, se procede como sigue:

- Se realiza una partición del intervalo (a, b) en $n+1$ subintervalos de longitud $h = \dfrac{b-a}{n+1}$.
- Se denotan los n puntos interiores por $x_i = a + ih$, $i = 1, \dots, n$.
- Los puntos extremos son $x_0 = a$ y $x_{n+1} = b$.

4.2.3. Aproximaciones de las derivadas primera y segunda

Teorema 4. *Sea $f : (a,b) \to \mathbb{R}$ una función $n+1$ veces diferenciable en un entorno de $x_0 \in (a,b)$, entonces $\exists \xi \in (x_0, x)$ tal que*

$$f(x) = f(x_0) + f'(x_0)(x-x_0) + \frac{f''(x_0)}{2!}(x-x_0)^2 + \cdots + \frac{f^{n)}(x_0)}{n!}(x-x_0)^n + \frac{f^{n+1)}(\xi)}{(n+1)!}(x-x_0)^{n+1}$$

Análogamente, $\exists \xi \in (x, x+h), \;\; h > 0$ tal que

$$f(x+h) = f(x) + f'(x)h + \frac{f''(x)}{2!}h^2 + \cdots + \frac{f^{n)}(x)}{n!}h^n + \frac{f^{n+1)}(\xi)}{(n+1)!}h^{n+1}$$

y, teniendo en cuenta la discretización anterior, $\exists \xi \in (x_i, x_{i+1})$ tal que

$$f(x_{i+1}) = f(x_i) + f'(x_i)h + \frac{f''(x_i)}{2!}h^2 + \cdots + \frac{f^{n)}(x_i)}{n!}h^n + \frac{f^{n+1)}(\xi)}{(n+1)!}h^{n+1}$$

Este teorema proporciona una herramienta matemática para aproximar las derivadas de f mediante diferencias finitas.

Aproximaciones de la derivada primera

- Diferencias progresivas

$$f'(x) = \frac{f(x+h) - f(x)}{h} - \frac{1}{2}f''(\xi)h, \quad x < \xi < x+h$$
$$f'(x_i) \approx \frac{f(x_{i+1}) - f(x_i)}{h}$$

- Diferencias regresivas

$$f'(x) = \frac{f(x) - f(x-h)}{h} + \frac{1}{2}f''(\xi)h, \quad x-h < \xi < x$$
$$f'(x_i) \approx \frac{f(x_i) - f(x_{i-1})}{h}$$

- Diferencias centradas

$$f'(x) = \frac{f(x+h) - f(x-h)}{2h} - \frac{1}{6}f'''(\xi)h^2, \quad x-h < \xi < x+h$$
$$f'(x_i) \approx \frac{f(x_{i+1}) - f(x_{i-1})}{2h}$$

Aproximación de la derivada segunda. Diferencias centradas

$$f''(x) = \frac{f(x+h) - 2f(x) + f(x-h)}{h^2} - \frac{1}{12}f^{4)}(\xi)h^2, \quad x-h < \xi < x+h$$
$$f''(x_i) \approx \frac{f(x_{i+1}) - 2f(x_i) + f(x_{i-1})}{h^2}$$

Ejemplo 15. *Dada la función $f(x) = e^{x^2}$, aproximar el valor de $f''(1)$ utilizando diferencias centradas. Estudiar la evolución del error al tomar $h = 10^{-1},\ 10^{-2},\ 10^{-3},\ 10^{-4}, \ldots$*

Solución Se calculan las derivadas primera y segunda de la función, de forma analítica, y el valor exacto de $f''(1)$ utilizando la función obtenida:

$$f'(x) = 2xe^{x^2}, \quad f''(x) = (2+4x^2)e^{x^2}, \quad y_e = f''(1) = 6e \approx 16.309691$$

A continuación, se aproxima el valor de $f''(1)$ mediante la fórmula de las diferencias centradas:

$$y_a = f''(1) \approx \frac{e^{(1+h)^2} - 2e + e^{(1-h)^2}}{h^2}$$

y se calcula dicho valor para diferentes valores de $h = 10^{-1},\ 10^{-2}, \ldots, 10^{-10}$.

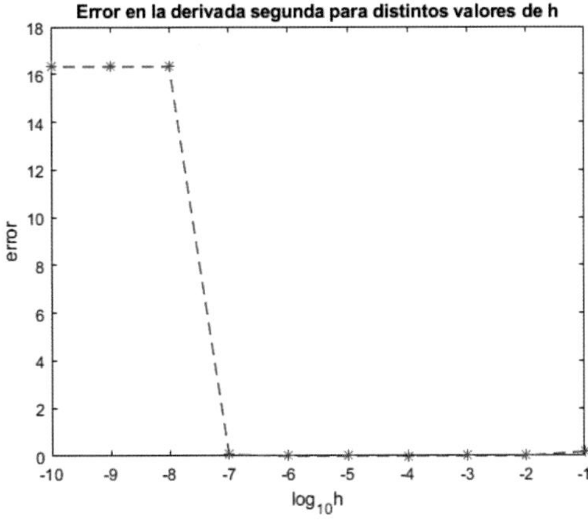

Figura 4.1: Error en la aproximación de la derivada segunda de e^{x^2}, por diferencias centradas, para distintos valores de h

Se observa que el error decrece con el valor de h, desde $h = 10^{-1}$ hasta $h = 10^{-7}$, pero para valores menores que $h = 10^{-8}$ el error crece exponencialmente. Existe un equilibrio entre el tamaño del paso y el error cometido en la aproximación, que debe tenerse en cuenta para el cálculo de la derivada.

4.2.4. Problemas unidimensionales

De primer orden

La descripción del enfriamiento de una barra de longitud L con el tiempo, en un ambiente con temperatura constante, está regida por la ecuación de enfriamiento de Newton, que es una ecuación diferencial parcial de primer orden

$$\frac{dT}{dt} = -k(T - T_a), \quad t \in [0, t_{max}] \tag{4.1}$$

donde T es la temperatura del objeto (K), T_a es la temperatura ambiente, t es el tiempo (s) y k es una constante de enfriamiento (s^{-1}), que depende de las propiedades del objeto y del ambiente, y representa la rapidez con la que el objeto cede calor al ambiente. Inicialmente la barra se encuentra a una temperatura T_0.
A continuación se siguen los siguientes pasos:

- Se malla el dominio, partiendo el intervalo $[a, b]$ en el que se encuentra situada la barra, en $n-1$ partes iguales de longitud $h = \frac{L}{n-1}$, de forma que los n nodos del mallado verifican:

  $$x_i = a + (i-1)h, \quad i = 1, \ldots, n$$

  Se hace también una discretización en tiempo porque la temperatura evoluciona con el mismo. El paso de tiempo

  $$\delta_t = \frac{t_{max}}{m},$$

  siendo m el número de pasos de tiempo, con lo que

  $$t_j = (j-1)\delta_t, \quad j = 1, \ldots, m$$

  La condición inicial es

  $$T(i, 1) = T_0, \quad i = 1, \ldots, n$$

- En cada nodo del interior de la malla $x_i, \quad i = 2, \ldots, n-1$, se aproxima la derivada parcial de T de la ecuación (4.1) utilizando la fórmula de las diferencias progresivas, y se resuelve la ecuación (4.2) para cada $t_j = (j-1)\delta_t, \quad j = 2, \ldots, m$

  $$\frac{1}{\delta_t}\left[T(x_i, y_{j+1}) - T(x_i, y_j)\right] = -k\left[T(x_i, y_j) - T_a\right], \quad i = 1, \ldots, n \tag{4.2}$$

  o bien esta otra

  $$T(x_i, y_{j+1}) = T(x_i, y_j) - k\delta_t\left[T(x_i, y_j) - T_a\right], \quad i = 1, \ldots, n \tag{4.3}$$

  donde $T(x_i, y_j)$ representa la temperatura en el punto x_i del espacio en el tiempo t_j.

Ejemplo 16. *Resolver la ecuación de enfriamiento, mediante diferencias finitas, considerando que* $L = 1\ m$ *es la longitud de la barra, la temperatura ambiente es* $T_a = 0\ K$*, la constante de enfriamiento es* $k = 1\ s^{-1}$ *y el tiempo total son* $100\ s$*.*
Para discretizar el tiempo, se utilizará un paso de tiempo $\delta_t = 0.1s$ *y para discretizar el espacio se utilizará un paso espacial* $h = 0.01m$*.*
La distribución de temperaturas de la barra con el tiempo, se ha representado en la figura 11.2

En este caso, la ecuación discretizada que debe resolverse es:

$$T(x_i, y_{j+1}) = T(x_i, y_j) - \delta_t T(x_i, y_j), \quad i = 1, \ldots, n_x, \quad j = 2, \ldots, n_t$$

siendo $n_x = \frac{L}{h} = 100$ y $n_t = \frac{t_{max}}{\delta_t} = 1000$.

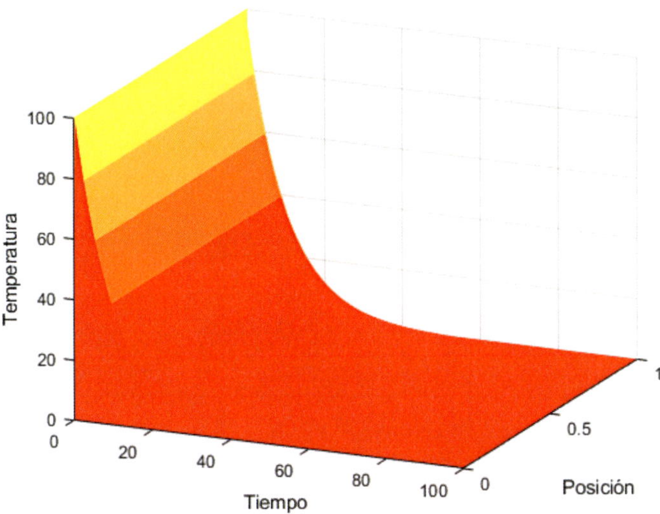

Figura 4.2: Distribución de temperaturas en la barra en función del tiempo

De segundo orden

Un problema cuyo modelo utiliza una ecuación diferencial lineal de segundo orden, es el de encontrar la distribución estacionaria de temperaturas en una varilla con fuente de calor. La ecuación de transferencia de calor en el caso unidimensional es

$$\frac{\partial T}{\partial t} = \frac{k}{\rho c}\frac{\partial^2 T}{\partial x^2} + \frac{Q}{\rho c}$$

donde T es la temperatura (K), k el coeficiente de conductividad térmica (W/kgK), ρ es la densidad de la varilla (Kg/m^3), c es el calor específico (J/KgK), y Q es la fuente de calor (W/m^3), cuyas unidades están dadas en el S.I.
Esta ecuación puede escribirse también de la forma

$$\frac{\partial T}{\partial t} = \alpha\frac{\partial^2 T}{\partial x^2} + Q_v \tag{4.4}$$

donde α es la difusividad térmica (m^2/s) y Q_v está medido en K/s. Teniendo en cuenta que se trata de un proceso estacionario, es decir $\frac{\partial T}{\partial t} = 0$, la ecuación (4.4) se transforma en la ecuación de Poisson:

$$-\alpha\frac{\partial^2 T}{\partial x^2} = Q_v$$

Ejemplo 17. *Una varilla aislada térmicamente en los extremos, de longitud $L = 1m$, se encuentra sometida a una fuente de calor constante de $Q_v = 10W/m^3$ en su punto medio. La temperatura en los extremos es $T_a = T_b = 0K$ y la conductividad térmica es $\alpha = 1m^2/s$. Calcular la distribución estacionaria de temperaturas en la varilla.*

En este caso, la ecuación discretizada que debe resolverse es:

$$-\alpha\frac{T(x_{i+1}) - 2T(x_i) + T(x_{i+1})}{h^2} = Q_v, \quad i = 1, \ldots, n_x$$

siendo $h = \frac{L}{n_x - 1}$, donde se han considerado $n_x = 100$ nodos.

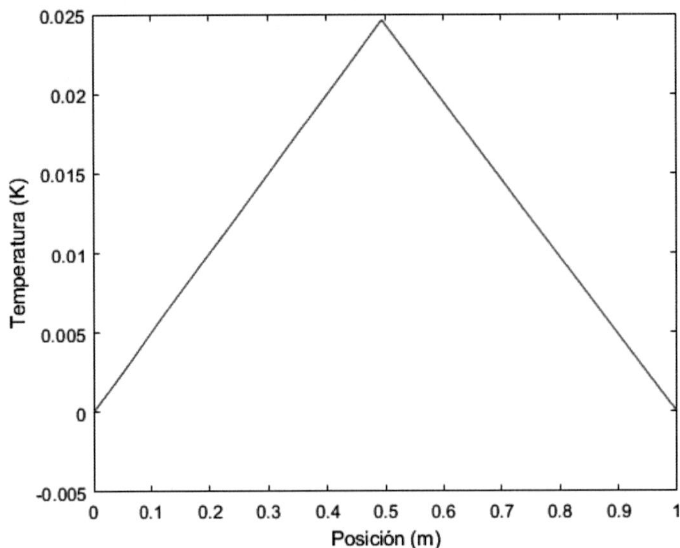

Figura 4.3: Distribución estacionaria de la temperatura en una barra con fuente de calor en su centro

En este caso, se observa que hay un pico de temperatura en el centro de la barra, debido a la fuente de calor situada en ese punto (Figura 4.3).

4.2.5. Problemas bidimensionales

De segundo orden

Para ilustrar este tipo de problemas, se elige la ecuación de Poisson

$$\begin{cases} \dfrac{\partial^2 u(x,y)}{\partial x^2} + \dfrac{\partial^2 u(x,y)}{\partial y^2} = 0, \\ \\ u(x,y) = f(x,y), \quad (x,y) \in \partial\Omega \end{cases}$$

donde $\partial\Omega$ representa la frontera del dominio

$$\Omega = \{(x,y) \mid a < x < b, \ c < y < d\}$$

y $f(x,y)$, $u(x,y)$ son funciones continuas para asegurar una solución única de la ecuación.
A continuación se siguen los siguientes pasos:

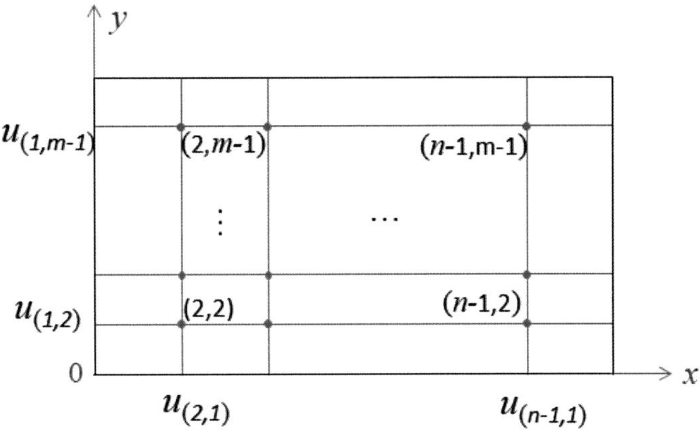

Figura 4.4: Esquema general del mallado de una placa rectangular

- Se malla el dominio, partiendo el intervalo $[a, b]$ en $n - 1$ partes iguales de longitud h, y el intervalo $[c, d]$ en $m - 1$ partes iguales de longitud k, de forma que los nodos del mallado rectangular verifican:

$$\begin{aligned} x_i &= a + (i-1)h, \quad i = 1, \ldots, n \\ y_j &= c + (j-1)k, \quad j = 1, \ldots, m \end{aligned}$$

- En cada nodo del interior de la malla $(x_i, y_j),\ i = 2, \ldots, n-1,\ j = 2, \ldots, m-1$ se aproximan las derivadas parciales segundas de u utilizando las fórmulas de las diferencias centradas, con lo que la ecuación de Poisson queda

$$f(x_i, y_j) = \frac{1}{h^2}\left[u(x_{i+1}, y_j) - 2u(x_i, y_j) + u(x_{i-1}, y_j)\right] + \frac{1}{k^2}\left[u(x_i, y_{j+1}) - 2u(x_i, y_j) + u(x_i, y_{j-1})\right] \tag{4.5}$$

- Se aproximan las condiciones de contorno en los nodos de $\partial\Omega$

$$\begin{aligned} u(x_1, y_j) &= f(x_1, y_j), \quad j = 1, \ldots, m \\ u(x_n, y_j) &= f(x_1, y_j), \quad j = 1, \ldots, m \\ u(x_i, y_1) &= f(x_i, y_1), \quad i = 1, \ldots, n \\ u(x_i, y_m) &= f(x_i, y_m), \quad i = 1, \ldots, n \end{aligned}$$

Si se considera $h = k$, la ecuación (4.5) queda como sigue:

$$\frac{1}{h^2}\left[4u(x_i, y_j) - u(x_{i+1}, y_j) - u(x_{i-1}, y_j) - u(x_i, y_j) - u(x_i, y_{j-1})\right] = f(x_i, y_j) \tag{4.6}$$

Este esquema de diferencias es conocido como esquema de 5 puntos, y puede ser representado, en cada nodo, por la matriz

$$\frac{1}{h^2}\begin{pmatrix} & -1 & \\ -1 & 4 & -1 \\ & -1 & \end{pmatrix}$$

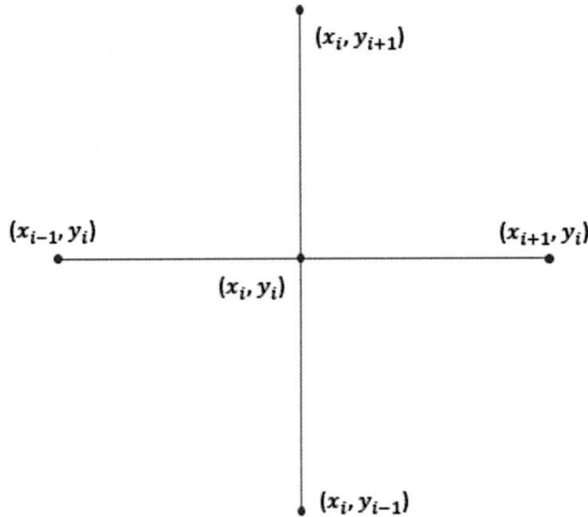

Figura 4.5: Esquema de los cinco puntos involucrados en el cómputo de u en (x_i, y_i)

- Planteando en cada nodo interior de la malla la ecuación (4.6), se construye un sistema lineal de ecuaciones, cuya matriz es bandeada[1], y las incógnitas son los valores de la función u en los nodos interiores de la malla.
- El sistema se resuelve utilizando cualquiera de los métodos utilizados para la resolución de sistemas lineales.

Ejemplo 18. *Determinar la distribución estacionaria de calor en una lámina delgada de metal en forma de cuadrado, de* $0.5m$ *por* $0.5m$*, de manera que en sus fronteras, izquierda e inferior, la temperatura es* 0^oC*, mientras que en las otras dos fronteras se cumple* $u(x, 0.5) = 200x$ *y* $u(0.5, y) = 200y$*. Considerar un mallado con* $n = m = 5$*.*

Solución

En este caso, el planteamiento del problema es:

$$\left\{ \begin{array}{l} \dfrac{\partial^2 u(x,y)}{\partial x^2} + \dfrac{\partial^2 u(x,y)}{\partial y^2} = 0, \\ \\ u(x,0.5) = 200x, \quad u(0.5,y) = 200y, \quad u(0,y) = 0, \quad u(x,0) = 0 \end{array} \right.$$

con

$$\Omega = \{(x,y) \mid 0 < x < 0.5, \; 0 < y < 0.5\}$$

Como $m = n = 5$ y la lámina es cuadrada, el mallado tiene el mismo paso en las dos direcciones x e y, con lo que $h = k = \dfrac{1}{8}$. Con esto, las condiciones de contorno son

$u_{1,2} = u_{1,3} = u_{1,4} = 0,$ frontera izquierda
$u_{2,1} = u_{3,1} = u_{4,1} = 0,$ frontera inferior
$u_{5,2} = 200h = 25, \quad u_{5,3} = 200 \cdot 2h = 50, \quad u_{5,4} = 200 \cdot 3h = 75,$ frontera derecha
$u_{2,5} = 200h = 25, \quad u_{3,5} = 200 \cdot 2h = 50, \quad u_{4,5} = 200 \cdot 3h = 75,$ frontera superior

[1] Una matriz bandeada es una matriz cuyos valores no nulos se encuentran en un entorno de la diagonal principal, formando una banda de valores no nulos que completan la diagonal principal de la matriz y más diagonales en cada uno de sus costados: $A \in \mathcal{M}_n(\mathbb{R}),\ a_{ij} = 0$ si $j < i - k_1$ o $j > i + k_2,\ k_1,\ k_2 > 0$.

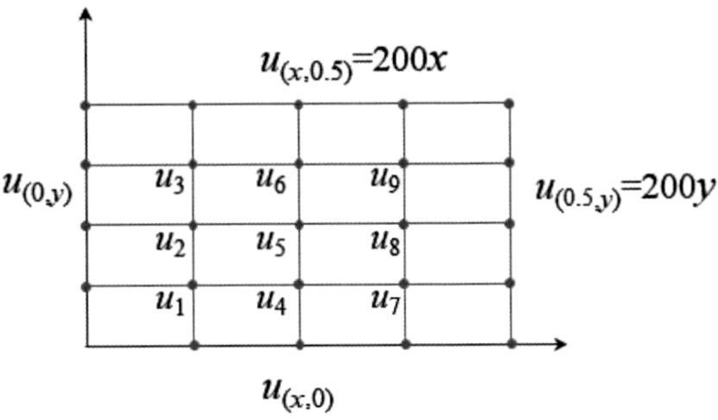

Figura 4.6: Mallado de la lámina.

Aplicando la ecuación (4.6) a cada nodo interior, el sistema lineal obtenido es

$$\left\{\begin{array}{l}4u_{2,2}-u_{1,2}-u_{3,2}-u_{2,1}-u_{2,3}=0\\4u_{2,3}-u_{1,3}-u_{3,3}-u_{2,2}-u_{2,4}=0\\4u_{2,4}-u_{1,4}-u_{3,4}-u_{2,3}-u_{2,5}=0\\4u_{3,2}-u_{2,2}-u_{4,2}-u_{3,1}-u_{3,3}=0\\4u_{3,3}-u_{2,3}-u_{4,3}-u_{3,2}-u_{3,4}=0\\4u_{3,4}-u_{2,4}-u_{4,4}-u_{3,3}-u_{3,5}=0\\4u_{4,2}-u_{3,2}-u_{5,2}-u_{4,1}-u_{4,3}=0\\4u_{4,3}-u_{3,3}-u_{5,3}-u_{4,2}-u_{4,4}=0\\4u_{4,4}-u_{3,4}-u_{5,4}-u_{4,3}-u_{4,5}=0\end{array}\right.$$

y teniendo en cuenta las condiciones de contorno, el sistema queda

$$\left\{\begin{array}{l}4u_{2,2}-u_{3,2}-u_{2,3}=0\\4u_{2,3}-u_{3,3}-u_{2,2}-u_{2,4}=0\\4u_{2,4}-u_{3,4}-u_{2,3}=25\\4u_{3,2}-u_{2,2}-u_{4,2}-u_{3,3}=0\\4u_{3,3}-u_{2,3}-u_{4,3}-u_{3,2}-u_{3,4}=0\\4u_{3,4}-u_{2,4}-u_{4,4}-u_{3,3}=50\\4u_{4,2}-u_{3,2}-u_{4,3}=25\\4u_{4,3}-u_{3,3}-u_{4,2}-u_{4,4}=50\\4u_{4,4}-u_{3,4}-u_{4,3}=150\end{array}\right.$$

o bien

$$\left\{\begin{array}{l}4u_1-u_4-u_2=0\\4u_2-u_5-u_1-u_3=0\\4u_3-u_6-u_2=25\\4u_4-u_1-u_7-u_5=0\\4u_5-u_2-u_8-u_4-u_6=0\\4u_6-u_3-u_9-u_5=50\\4u_7-u_4-u_8=25\\4u_8-u_5-u_7-u_9=50\\4u_9-u_6-u_8=150\end{array}\right.$$

cuya matriz de coeficientes es bandeada y su expresión matricial es

$$\begin{pmatrix} 4 & -1 & 0 & -1 & 0 & 0 & 0 & 0 & 0 \\ -1 & 4 & -1 & 0 & -1 & 0 & 0 & 0 & 0 \\ 0 & -1 & 4 & 0 & 0 & -1 & 0 & 0 & 0 \\ -1 & 0 & 0 & 4 & -1 & 0 & -1 & 0 & 0 \\ 0 & -1 & 0 & -1 & 4 & -1 & 0 & -1 & 0 \\ 0 & 0 & -1 & 0 & -1 & 4 & 0 & 0 & -1 \\ 0 & 0 & 0 & -1 & 0 & 0 & 4 & -1 & 0 \\ 0 & 0 & 0 & 0 & -1 & 0 & -1 & 4 & -1 \\ 0 & 0 & 0 & 0 & 0 & -1 & 0 & -1 & 4 \end{pmatrix} \begin{pmatrix} u_1 \\ u_2 \\ u_3 \\ u_4 \\ u_5 \\ u_6 \\ u_7 \\ u_8 \\ u_9 \end{pmatrix} = \begin{pmatrix} 0 \\ 0 \\ 25 \\ 0 \\ 0 \\ 50 \\ 25 \\ 50 \\ 150 \end{pmatrix}$$

La solución del sistema proporciona las temperaturas en los nodos interiores de la lámina

$$u = \begin{pmatrix} 6.25 \\ 12.50 \\ 18.75 \\ 12.50 \\ 25.00 \\ 37.50 \\ 18.75 \\ 37.50 \\ 56.25 \end{pmatrix}$$

4.3. El método de los elementos finitos (MEF)

4.3.1. Introducción

El método de elementos finitos (MEF) es una técnica numérica utilizada para la solución de problemas de ingeniería y ciencias aplicadas. Se basa en la discretización del dominio del problema en pequeñas subregiones o elementos, donde se aproxima la solución mediante una combinación lineal de funciones de interpolación. Es importante tener en cuenta que el método de elementos finitos es solo una aproximación de la solución exacta del problema, y que la precisión de la solución depende de la calidad de la discretización, la elección de las funciones de interpolación y el número de elementos utilizados.

La idea fundamental detrás del método de elementos finitos es que cualquier función puede ser aproximada mediante una combinación lineal de funciones simples, que son las funciones de interpolación definidas en cada elemento.

En términos generales, el método de elementos finitos se divide en tres pasos principales:

- Discretización del dominio: El dominio del problema se divide en pequeños elementos donde se calcula la función incógnita aproximada mediante funciones de base de un espacio determinado. En el caso bidimensional, los elementos suelen ser triángulos o cuadriláteros.
- Formulación del problema: Las ecuaciones diferenciales y las condiciones de contorno que rigen el problema se expresan en términos de las funciones de base y se integran sobre cada elemento, de donde resulta un sistema lineal.
- Solución del sistema de ecuaciones: Se ensamblan las matrices y vectores que representan el sistema de ecuaciones en cada elemento y se resuelve numéricamente el sistema resultante utilizando métodos de álgebra lineal.

4.3.2. Problemas unidimensionales

Un ejemplo sencillo de un problema unidimensional que se resuelve mediante el MEF y puede implementarse con MatLab es el de encontrar la distribución de temperatura en una barra de longitud L, que está sometida a una fuente de calor constante $Q_v(x)$, en K/s, y tiene condiciones de contorno de temperatura T_a en el extremo izquierdo y T_b en el extremo derecho, ambas en K.
La ecuación diferencial que rige este problema es:

$$-\alpha \frac{\partial^2 T(x)}{\partial x^2} = Q_v(x)$$

donde α es la difusividad térmica (m^2/s), $T(x)$ es la temperatura en la posición x (K) y Q_v es la fuente de calor, en K/s. Simplificando, el problema responde a la forma general siguiente

$$-u_{xx}(x) = g(x), \quad x \in (a,b) \tag{4.7}$$

con las restricciones

$$u_x(a) = u_{xa}, \quad u_x(b) = u_{xb}, \quad u(a) = u_a, \quad u(b) = u_b,$$

que recibe el nombre de **formulación fuerte**, donde u representa a T y $g = \frac{Q_v}{\alpha}$.
Se trata de un problema de dimensión infinita, en el sentido en el que la función u está definida en todo el intervalo (a,b).
Se busca una función $v(x)$, llamada **función test**, perteneciente a un espacio de funciones admisibles

$$V = \left\{ v : [a,b] \to \mathbb{R} \; / \; v(a) = u_a, \; \int_a^b v_{xx} dx < +\infty \right\}$$

para reducir el orden de derivación del problema original (4.7).
Multiplicando la ecuación diferencial original por la función $v(x)$ e integrando sobre el dominio (a,b), se tiene la **formulación variacional o débil**

$$-\int_a^b u_{xx} v(x) dx = \int_a^b g(x) v(x) dx$$

Integrando por partes el primer miembro de la ecuación, queda

$$-\int_a^b u_{xx} v(x) dx = -u_x(x) v(x)|_a^b + \int_a^b u_x(x) v_x(x) dx \tag{4.8}$$

con lo que

$$-u_x(x) v(x)|_a^b + \int_a^b u_x(x) v_x(x) dx = \int_a^b g(x) v(x) dx, \quad v \in V_a \tag{4.9}$$

que se puede expresar en la forma

$$a(u,v) = l(v) \;\; \forall v \in V$$

donde

$$a(u,v) = \int_a^b u_x(x) v_x(x) dx, \quad l(v) = \int_a^b g(x) v(x) dx + u_x(b) v(b) - u_x(a) v(a).$$

DISCRETIZACIÓN DEL DOMINIO

Puesto que V es de dimensión infinita, se busca un espacio V_h de dimensión finita $V_h \subset V$, en el que se encuentran las funciones $u_h(x)$, solución de

$$a(u_h, v_h) = l(v_h), \quad \forall v_h \in V_h \tag{4.10}$$

donde los operadores $a(\cdot,\cdot)$ y $l(\cdot)$ son los definidos anteriormente, es decir, se resuelve un **problema variacional aproximado**.

Al ser V_h un espacio vectorial de dimensión finita n, se puede escoger una base $\{\varphi_i\}_{i=1}^n$ de forma que la función u_h buscada sea

$$u_h(x) = \sum_{i=1}^{n} \beta_i \varphi_i(x)$$

De esta forma, al cumplirse (4.10) para las funciones base, está asegurado que se cumple también $\forall v_h \in V_h$, y todo el problema se reduce a calcular los coeficientes $\beta_i \in \mathbb{R}, \quad i = 1, \ldots n$.

Sustituyendo la expresión de u_h en (4.10), y haciendo que se cumpla para todos las funciones base, se tiene

$$a\left(\sum_{i=1}^{n} \beta_i \varphi_i,\ \varphi_j\right) = l\left(\varphi_j\right), \quad j = 1, \ldots n$$

y, como $a(\cdot,\cdot)$ es un operador bilineal, resulta

$$\sum_{i=1}^{n} \beta_i\, a\left(\varphi_i,\ \varphi_j\right) = l\left(\varphi_j\right), \quad j = 1, \ldots n$$

FORMULACIÓN DEL PROBLEMA

De esta manera, el problema se reduce a resolver un sistema lineal de n ecuaciones algebraicas

$$K\beta = \mathbf{f}$$

donde

$$K_{ij} = a\left(\varphi_i,\ \varphi_j\right) = \int_a^b \frac{d\varphi_i}{dx}\frac{d\varphi_j}{dx}dx, \quad i, j = 1, \ldots n$$

$$f_i = l\left(\varphi_j\right) = \int_a^b g\varphi_j\, dx + u_b\varphi_j(b) - u_a\varphi_j(a), \quad i, j = 1, \ldots n$$

La matriz K recibe el nombre de **matriz de rigidez** y **f** es el **vector de cargas**.

Para eligir una base de funciones continuas del espacio aproximador V_h se procede a una discretización del dominio $[a,\ b]$ mediante la construcción de subintervalos, con extremos $\{x_i\}_{i=1}^n$ y paso h.

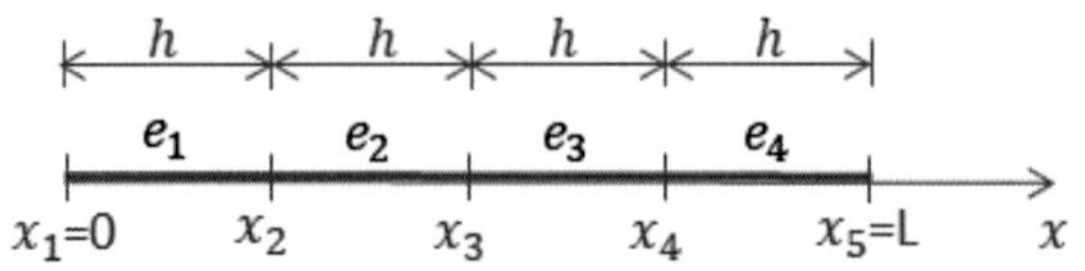

Figura 4.7: Mallado unidimensional uniforme con 4 elementos finitos

A cada uno de los subintervalos se les llama **elementos finitos**, e_i, y a la intersección entre dos elementos se le llama **nodo**. La longitud de e_i es el **tamaño del elemento**.
En la figura 4.7, la malla tiene 4 elementos y 5 nodos. Además, todos los elementos son del mismo tamaño $\frac{L}{4}$, por eso se dice que es una **malla uniforme**.
Se define el **tamaño de malla**, h, como el tamaño del elemento más grande.
Una vez definida la malla M_h, se elige el espacio V_h formado por funciones continuas y se escogen polinomios de grado menor o igual que 1, por ser las funciones más sencillas

$$V_h = \left\{ v_h : \Omega \to \mathbb{R},\ v_h \in C^0(\Omega)\ \wedge\ v_h|_e \in \mathbb{R}_1[x],\ \forall e \in M_h \right\}.$$

OBSERVACIONES

1. $V_h \subset V$ ya que los v_h están en V.
2. V_h es de dimensión finita. En efecto, para que una función $v_h \in V_h$ esté definida, basta conocerla en los n nodos de la malla M_h del intervalo $[a, b]$, ya que en cada elemento e_i, v_h es un polinomio de grado menor o igual que 1 (una recta).
3. La dimensión de V_h coincide con el número de nodos de la malla M_h. Por ejemplo, en la malla de la figura 4.8, la función v_h queda definida si se conoce en los cuatro nodos, puesto que, sobre cada elemento, v_h es un polinomio de grado menor o igual que 1

$$v_h|_e = a^e x + b^e$$

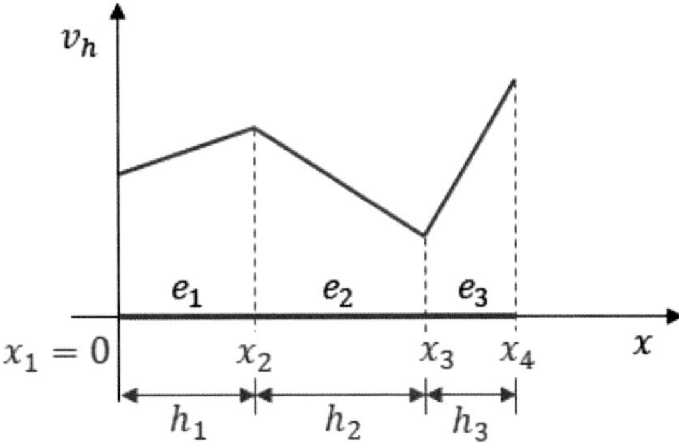

Figura 4.8: Función v_h en una malla no uniforme de 4 nodos y 3 elementos.

Se eligen entonces las siguientes funciones base

$$\varphi_i(x) = \begin{cases} \dfrac{x - x_{i-1}}{x_i - x_{i-1}} & \text{si} \quad x_{i-1} \leq x \leq x_i \\ \dfrac{x_{i+1} - x}{x_{i+1} - x_i} & \text{si} \quad x_i \leq x \leq x_{i+1}, \quad i = 2, \ldots, N-1 \\ 0 & \text{en otro caso} \end{cases},$$

estando el elemento e_i entre los nodos x_i y x_{i+1} y siendo $h = x_{i+1} - x_i$ su longitud. La matriz de

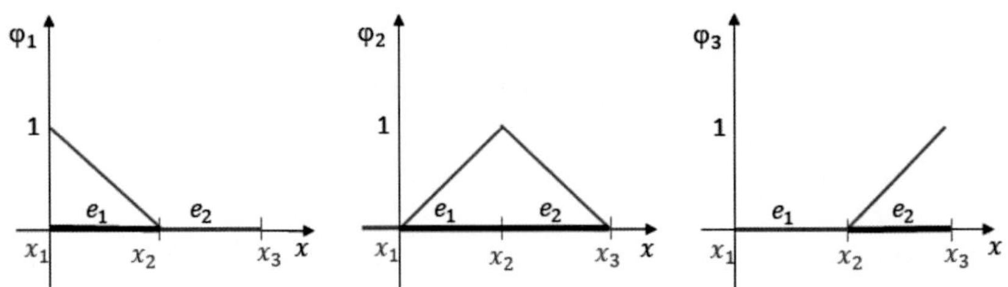

Figura 4.9: Funciones base para el caso de tres nodos y dos elementos.

rigidez K, además de ser simétrica, es una **matriz banda** ya que

$$K_{ij} = \int_a^b \frac{d\varphi_i}{dx}\frac{d\varphi_j}{dx}dx = 0$$

si los nodos x_i y x_j no pertenecen al mismo elemento, ya que el soporte de cada función base φ_i es el conjunto de elementos de la malla que rodean al nodo $x_i, \quad i = 1, \ldots, n$.

Para el caso de tres nodos equiespaciados en el intervalo $[a, b]$ y dos elementos, las funciones de base son

$$\varphi_1(x) = \begin{cases} \dfrac{a+b-2x}{b-a} & \text{si} \quad a \le x \le \frac{a+b}{2} \\ 0 & \text{en otro caso} \end{cases}$$

$$\varphi_2(x) = \begin{cases} 2\dfrac{x-a}{b-a} & \text{si} \quad a \le x \le \frac{a+b}{2} \\ 2\dfrac{b-x}{b-a} & \frac{a+b}{2} \le x \le b \end{cases}$$

$$\varphi_3(x) = \begin{cases} \dfrac{2x-a-b}{b-a} & \text{si} \quad \frac{a+b}{2} \le x \le b \\ 0 & \text{en otro caso} \end{cases}$$

y sus derivadas

$$\frac{d\varphi_1(x)}{dx} = \begin{cases} \dfrac{-2}{b-a} & \text{si} \quad a \leq x \leq \frac{a+b}{2} \\ 0 & \text{en otro caso} \end{cases}$$

$$\frac{d\varphi_2(x)}{dx} = \begin{cases} \dfrac{2}{b-a} & \text{si} \quad a \leq x \leq \frac{a+b}{2} \\ \dfrac{-2}{b-a} & \quad \frac{a+b}{2} \leq x \leq b \end{cases}$$

$$\frac{d\varphi_3(x)}{dx} = \begin{cases} \dfrac{2}{b-a} & \text{si} \quad \frac{a+b}{2} \leq x \leq b \\ 0 & \text{en otro caso} \end{cases}$$

Se calculan los elementos de la matriz de rigidez (simétrica) y el vector de cargas para cada elemento

Elemento e_1

$$K^{e_1} = \begin{pmatrix} K_{11}^{e_1} & K_{12}^{e_1} \\ K_{21}^{e_1} & K_{22}^{e_1} \end{pmatrix}$$

donde

$$K_{11}^{e_1} = \int_{e_1} \left(\frac{d\varphi_1(x)}{dx} \right)^2 dx = \frac{2}{b-a}$$

$$K_{12}^{e_1} = \int_{e_1} \frac{d\varphi_1(x)}{dx} \frac{d\varphi_2(x)}{dx} dx = \frac{-2}{b-a}$$

$$K_{22}^{e_1} = \int_{e_1} \left(\frac{d\varphi_2(x)}{dx} \right)^2 dx = \frac{2}{b-a}$$

es decir

$$K^{e_1} = \frac{2}{b-a} \begin{pmatrix} 1 & -1 \\ -1 & 1 \end{pmatrix}$$

y

$$f_1^{e_1} = \int_{c_1} g(x)\varphi_1(x)dx - u_a\varphi_1(a) = -u_a + \frac{Q_v}{4\alpha} \frac{(a+b)^2 - 4ab}{b-a}$$

$$f_2^{e_1} = \int_{e_1} g(x)\varphi_2(x)dx - u_a\varphi_2(a) = \frac{Q_v}{4\alpha} \frac{(a+b)^2 - 4ab}{b-a}$$

es decir

$$\mathbf{f}^{e_1} = \frac{Q_v}{4\alpha} \frac{(a+b)^2 - 4ab}{b-a} \begin{pmatrix} 1 \\ 1 \end{pmatrix} + \begin{pmatrix} -u_a \\ 0 \end{pmatrix}$$

Elemento e_2

$$K^{e_2} = \begin{pmatrix} K_{11}^{e_2} & K_{12}^{e_2} \\ K_{21}^{e_2} & K_{22}^{e_2} \end{pmatrix}$$

donde

$$K_{11}^{e_2} = \int_{e_2} \left(\frac{d\varphi_2(x)}{dx} \right)^2 dx = \frac{2}{b-a}$$

$$K_{12}^{e_2} = \int_{e_2} \frac{d\varphi_2(x)}{dx} \frac{d\varphi_3(x)}{dx} dx = \frac{-2}{b-a}$$

$$K_{22}^{e_2} = \int_{e_2} \left(\frac{d\varphi_3(x)}{dx} \right)^2 dx = \frac{2}{b-a}$$

es decir

$$K^{e_2} = \frac{2}{b-a} \begin{pmatrix} 1 & -1 \\ -1 & 1 \end{pmatrix}$$

y

$$f_1^{e_2} = \int_{e_2} g(x)\varphi_2(x)dx = \frac{Q_v}{4\alpha} \frac{(a+b)^2 - 4ab}{b-a}$$

$$f_2^{e_2} = \int_{e_2} g(x)\varphi_3(x)dx + u_b\varphi_3(b) = \frac{Q_v}{4\alpha} \frac{(a+b)^2 + 4ab}{b-a}$$

es decir

$$\mathbf{f}^{e_2} = \frac{Q_v}{4\alpha} \frac{(a+b)^2 - 4ab}{b-a} \begin{pmatrix} 1 \\ 1 \end{pmatrix} + \begin{pmatrix} 0 \\ u_b \end{pmatrix}$$

ENSAMBLAJE DE LA MATRICES DE RIGIDEZ Y DEL VECTOR DE CARGAS

Por tanto, la matriz de rigidez global es

$$K = \begin{pmatrix} K_{11}^{e_1} & K_{12}^{e_1} & 0 \\ K_{21}^{e_1} & K_{22}^{e_1} + K_{11}^{e_2} & K_{12}^{e_2} \\ 0 & K_{21}^{e_2} & K_{22}^{e_2} \end{pmatrix} = \frac{2}{b-a} \begin{pmatrix} 1 & -1 & 0 \\ -1 & 2 & -1 \\ 0 & -1 & 1 \end{pmatrix}$$

y el vector de cargas global

$$\mathbf{f} = \begin{pmatrix} f_1^{e_1} \\ f_2^{e_1} + f_1^{e_2} \\ f_2^{e_2} \end{pmatrix} = \frac{Q_v}{4\alpha} \frac{(a+b)^2 - 4ab}{b-a} \begin{pmatrix} 1 \\ 2 \\ 1 \end{pmatrix} + \begin{pmatrix} -u_a \\ 0 \\ u_b \end{pmatrix}$$

Debe tenerse en cuenta que, en este caso particular, se han considerado sólo 2 nodos para no complicar los cálculos. En un caso general, en las fórmulas aparece $h = \frac{b-a}{2}$, $L = \frac{a+b}{2}$ y u_a y u_b son las condiciones en los extremos de la derivada primera de la función u.

4.3.3. Error y elección del tipo de elemento

Se han de hacer algunas aclaraciones a lo que se ha explicado hasta ahora:

- Se han elegido polinomios de grado ≤ 1, pero podrían ser de mayor grado. Para ello, se necesita un mayor número de nodos (más de 2 nodos) y, en consecuencia, no serán los puntos que delimitan a los elementos. Por ejemplo, si se eligen polinomios de grado 2, los elementos deben tener tres nodos.

- Puesto que el MEF es un método de aproximación, las soluciones obtenidas están afectadas de un error (error de interpolación), que es debido al carácter polinómico de los espacios de aproximación, V_h, de las soluciones.

  Se puede estimar el error cometido en la solución aproximada u_h, comparando el polinomio completo de mayor grado contenido en las funciones de base de V_h sobre cada elemento, con el desarrollo en serie de Taylor de la solución exacta. Así, se deduce que el error es del orden del primer término del desarrollo de Taylor no incluido en el polinomio completo mencionado

  Por tanto, se puede demostrar que el error cometido en el MEF en un problema como el que se está estudiando, es

$$Error = \text{máx}\,\|u - u_h\| \leq C(\Omega)h^{n+1}\,\text{máx}\,\|\frac{d^{n+1}u}{dx^{n+1}}\|$$

siendo :

$$\|u - u_h\| = \left(\int_0^L (u(x) - u_h(x))^2\,dx\right)^{1/2},$$

$C = C(\Omega)$ constante que no depende de u,

n grado de los polinomios del subespacio aproximador V_h,

h tamaño de la malla

De esta expresión general, se puede deducir que el error cometido al calcular la solución aproximada u_h depende de tres cosas:

1. Tamaño de la malla, h.
2. Grado n de los polinomios que se toman como funciones de base de V_h.
3. Regularidad de la solución exacta u.

La conclusión es que si la solución exacta, u, tiene un grado de regularidad dado (es $m \geq 2$ veces diferenciable), sólo tiene sentido trabajar en un espacio aproximador

$$V_h = \left\{v : \Omega \to \mathbb{R},\;\; v \in C^0(\Omega) \;\wedge\; v|_e \in \mathbb{R}_{m-1}[x],\;\; \forall e \in M_h\right\}$$

cuyas funciones de base son, sobre cada elemento, polinomios de grado menor o igual a $m-1$ $(n+1 < m)$. En caso contrario,

$$\text{máx}\,\|\frac{d^{n+1}u}{dx^{n+1}}\| = 0$$

y la estimación del error no es válida.
Por tanto, cuando no existe la seguridad sobre el grado máximo de regularidad de la solución exacta u, que es lo habitual, lo mejor es intentar disminuir el tamaño de malla, h, con el fin de minimizar el error cometido. En otras palabras, para disminuir el error cometido, existen dos estrategias

1. Aumentar el grado de las funciones de base sobre cada elemento. Esta estrategia es efectiva siempre que se cumpla que

$$\text{máx}\,\|\frac{d^{n+1}u}{dx^{n+1}}\| < C$$

es decir, que se trate de una cantidad acotada.

A los métodos que utilizan esta estrategia se les conoce con el nombre de *p-métodos*. Trabajan con elementos de muchos nodos y presentan la ventaja de poder utilizar mallas con pocos elementos, pero el inconveniente del cálculo complejo de la matriz de rigidez.

2. Disminuir el tamaño de malla, h. Esta estrategia siempre es efectiva mientras se mantenga un grado $n \geq 1$ pequeño.

A los métodos que utilizan esta estrategia se les conoce como *h-métodos*. Trabajan con elementos de pocos nodos y presentan la ventaja de un cálculo económico de la matriz de rigidez, pero el inconveniente de que, al haber más elementos, existen más incógnitas en el sistema lineal a resolver. Sin embargo, dado el crecimiento de la velocidad de cálculo de los ordenadores, esta dificultad cada vez es menor.

Práctica 1: Modelos Experimentales

El objetivo de esta práctica es ofrecer herramientas para el análisis de datos y la toma de decisiones aprendiendo a ajustar datos continuos y discretos, utilizando las cadenas de Markov y la simulación de Montecarlo, mediante un software ampliamente utilizado en el ámbito científico y de ingeniería.

5.1. Modelos de Ajuste

Función	**Salida**
`int(f,x,a,b)`	Devuelve la integral definida de la función `f` con respecto a `x` entre `a` y `b`.
`plot(x,y,S)`	Dibuja el vector `y` frente al vector `x` en un determinado color y un determinado tipo de línea indicado en S. Por ejemplo, `plot(x,y,'c+')` dibuja una línea azul de +, que constituye la gráfica de `y` frente a `x`.
`hold on`	Guarda el dibujo actual y todas las propiedades de sus ejes, de modo que las órdenes de dibujo de la gráfica siguiente se añadan a la que ya existe.
`[P,D]=eig(A)`	Devuelve la matriz diagonal D de valores propios y la matriz P cuyas columnas son los vectores propios correspondientes, tal que $A = PDP^{-1}$

5.1.1. Modelo de Ajuste con Datos Continuos

Ejemplo 19. *Aproximar la función* $f(x) = sen(\pi x)$ *en el intervalo* $[-1, 1]$ *mediante polinomios de* $\mathbb{R}_3[x]$ *tomando como producto escalar*

$$f \cdot g = \int_{-1}^{1} f(x)\, g(x)\, dx$$

Para aproximar f se busca un polinomio $P \in \mathbb{R}_3[x]$ que minimice la distancia $\|sen(\pi x) - P\|$, lo que equivale a decir que $sen(\pi x) - P$ es ortogonal a $\mathbb{R}_3[x]$, para lo cual basta que $sen(\pi x) - P$ sea ortogonal a una base de $\mathbb{R}_3[x]$, por ejemplo a la canónica

$$\begin{cases} (sen(\pi x) - P) \cdot 1 = 0 \\ (sen(\pi x) - P) \cdot x = 0 \\ (sen(\pi x) - P) \cdot x^2 = 0 \\ (sen(\pi x) - P) \cdot x^3 = 0 \end{cases} \leftrightarrow \begin{cases} sen(\pi x) \cdot 1 = P \cdot 1 \\ sen(\pi x) \cdot x = P \cdot x \\ sen(\pi x) \cdot x^2 = P \cdot x^2 \\ sen(\pi x) \cdot x^3 = P \cdot x^3 \end{cases}$$

La aproximación buscada es la proyección ortogonal de f sobre el espacio $\mathbb{R}_3[x]$. Como $P \in \mathbb{R}_3[x]$, se puede expresar como $P = a_0 1 + a_1 x + a_2 x^2 + a_3 x^3$, y:

$$\begin{cases} (a_0 1 + a_1 x + a_2 x^2 + a_3 x^3) \cdot 1 = sen(\pi x) \cdot 1 \\ (a_0 1 + a_1 x + a_2 x^2 + a_3 x^3) \cdot x = sen(\pi x) \cdot x \\ (a_0 1 + a_1 x + a_2 x^2 + a_3 x^3) \cdot x^2 = sen(\pi x) \cdot x^2 \\ (a_0 1 + a_1 x + a_2 x^2 + a_3 x^3) \cdot x^3 = sen(\pi x) \cdot x^3 \end{cases}$$

o bien

$$\begin{pmatrix} 1 \cdot 1 & 1 \cdot x & 1 \cdot x^2 & 1 \cdot x^3 \\ 1 \cdot x & x \cdot x & x \cdot x^2 & x \cdot x^3 \\ 1 \cdot x^2 & x \cdot x^2 & x^2 \cdot x^2 & x^2 \cdot x^3 \\ 1 \cdot x^3 & x \cdot x^3 & x^2 \cdot x^3 & x^3 \cdot x^3 \end{pmatrix} \begin{pmatrix} a_0 \\ a_1 \\ a_2 \\ a_3 \end{pmatrix} = \begin{pmatrix} sen(\pi x) \cdot 1 \\ sen(\pi x) \cdot x \\ sen(\pi x) \cdot x^2 \\ sen(\pi x) \cdot x^3 \end{pmatrix}$$

```
syms x
v=[1 x x^2 x^3]
H=v.'*v  % Matriz simbólica del producto escalar
G=int(H,x,-1,1) % Matriz de Gramm
D=v.'*sin(pi*x) % Matriz simbólica segundo miembro
b=int(D,x,-1 ,1) % Matriz numérica segundo miembro
a=inv(G'*G)*G'*b;% Solución del sistema (coeficientes del polinomio buscado)
```

Representación gráfica de f y de su aproximación $f_{aprox} = P$:

```
P=a'*v' % Polinomio que aproxima la función
xnum=-1:0.01:1; % Se generan valores en [-1,1] para su representación
y=sin(pi*xnum);
P=subs(P,x,xnum)
plot(xnum,y,'b',xnum,P,'m')
```

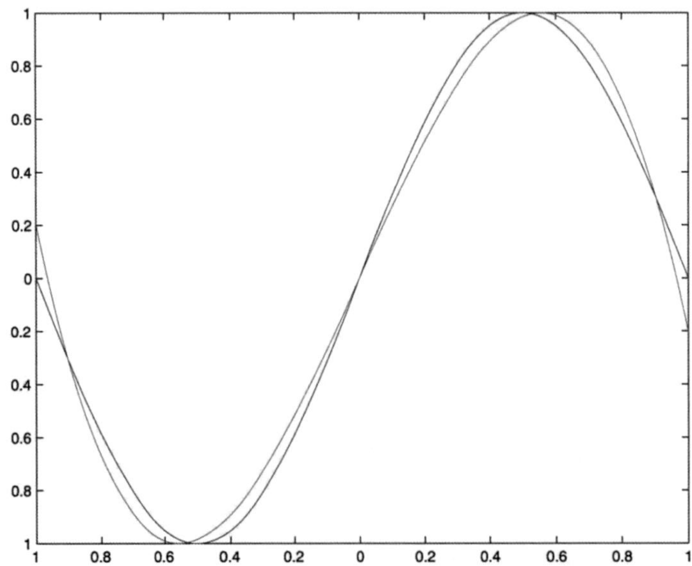

Figura 5.1: Gráfica de la función f en azul y su aproximación P en rojo

5.1.2. Modelo de Ajuste con Datos Discretos

Ejemplo 20. *Se lanza un cuerpo desde una posición inicial $x_0 = -50$ con una velocidad inicial $v_0 = 100m/s$ que describe una trayectoria parabólica hasta su caída al suelo.*

1. *Generar un conjunto de datos para los primeros $15s$, calculando el espacio recorrido x a cada $0.1s$. Generar un segundo conjunto de datos introduciendo un ruido gaussiano.*

2. *Ajustar los datos por mínimos cuadrados para predecir los parámetros x_{0p}, v_{0p} y g_p para los dos conjuntos de datos generados. Comparar los resultados.*

3. *Predecir la distancia donde el cuerpo llega al suelo.*

```
% Generar datos
s0=-50;v0=100;g=9.8; % datos iniciales
t=[1:0.1:15]';
s=s0+v0*t-1/2*g*t.^2;
plot(t,s), hold on

% Añadir ruido
noise=0.03;
mu=2;
sr=s+noise*mean(s)*rand(length(t),1)-mu;
plot(t,sr,'m-o'), hold on

% Ajuste por Mínimos Cuadrados
A=[ones(length(t),1) t -1/2*t.^2];
b=sr;
xLS=inv(A'*A)*A'*b;
s0_pred=xLS(1)
v0_pred=xLS(2)
g_pred=xLS(3)
sr_pred=A*xLS;
plot(t,sr_pred), hold on
title('Trayectoria parabólica')
xlabel('t')
ylabel('s')
legend('datos', 'datos ruido', 'datos pred')

% Predicción de la caída
tm=t(end);sm=sr(end);
while sm>0
     tm=tm+0.1;
     sm=s0_pred+v0_pred*tm-1/2*g_pred*tm^2;
     plot(tm,sm,'m.')
     pause(0.1)
end
```

5.2. Modelos de Simulación de Montecarlo

Ejemplo 21. *Estimar el valor aproximado del número π a partir de las estimación del área de un círculo inscrito en un cuadrado, mediante la técnica de simulación de Montecarlo.*

Solución: Se generan puntos aleatorios dentro del cuadrado y se cuentan los puntos que han caído dentro del círculo, verificando que tengan la distancia al centro menor o igual al radio del círculo. Se estiman el área del cuadrado $\mathcal{A}_{cuadr} = N_{generados}$, y el area del cículo $\mathcal{A}_{circ} = N_{dentro}$

$$\pi_{estimado} = 4\frac{\mathcal{A}_{circ}}{\mathcal{A}_{cuadr}}$$

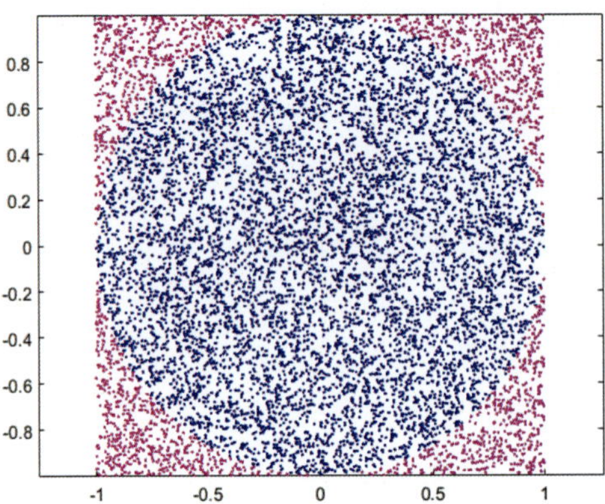

Figura 5.2: Distribución aleatoria de puntos en el interior del cuadrado y del círculo

```
r=1;% Radio círculo
N = 10000;% Número de puntos aleatorios a generar
dentro = 0;% Contador de puntos dentro del círculo

% Se generan puntos aleatorios dentro del cuadrado
for i = 1:N
    x = r*(-1+2*rand);
    y = r*(-1+2*rand);
    plot(x,y,'.m'), hold on
    d=sqrt(x^2 + y^2);% distancia al centro

% Se verifica si el punto está dentro del círculo
    if d <= r
        dentro = dentro + 1;
        plot(x,y,'.b')
    end
end
axis equal

% Estimación de pi
pi_estimado = 4 * dentro / N;
```

```
fprintf('El valor estimado de pi es: %f\n', pi_estimado);
```

5.3. Cadenas de Markov

Ejemplo 22. *Un investigador está estudiando la propagación de tres especies de plantas en un área de* $2000m^2$*. Para realizar este estudio, el investigador ha dividido el área en* 10 *secciones de* $200m^2$ *cada una. Las secciones se numeran del* 1 *al* 10*. En la sección i, la especie* 1 *tiene una densidad inicial de* 0.3 *plantas/*m^2*, la especie 2 tiene una densidad inicial de* 0.5 *plantas/*m^2*, y la especie 3 tiene una densidad inicial de* 0.2 *plantas/*m^2*. Se sabe que cada año, una cierta proporción de las plantas en cada sección muere y otra cierta proporción de las plantas se traslada a otra sección. El investigador ha observado que la matriz de transición* A *para las densidades de plantas de las tres especies es la siguiente:*

$$A = \begin{pmatrix} 0.7 & 0.2 & 0.1 \\ 0.1 & 0.6 & 0.3 \\ 0.2 & 0.2 & 0.6 \end{pmatrix}$$

El investigador quiere saber cuál será la densidad de plantas de las tres especies en cada sección después de 2 años y a largo plazo.

Solución: Para obtener la densidad de plantas de las tres especies en cada sección después de 2 años, se calcula el vector de estado después de 2 etapas, utilizando la siguiente expresión:

$$v_2 = A^2 v_0$$

siendo v_0 el vector con las densidades iniciales

$$\begin{pmatrix} 0.3 \\ 0.5 \\ 0.2 \end{pmatrix}$$

con lo que

$$v_2 = \begin{pmatrix} 0.3370 \\ 0.3510 \\ 0.3120 \end{pmatrix}$$

Para saber cuál será la densidad de plantas de las tres especies a largo plazo se calcula

$$\lim_{n\to\infty} \mathbf{v}_n = \lim_{n\to\infty} A^n \mathbf{v}_0^T$$

Teniendo en cuenta que $A = PDP^{-1}$, siendo D la matriz diagonal que contiene a los valores propios de A y P la matriz cuyas columnas son los correspondientes vectores propios, se tiene

$$\lim_{n\to\infty} A^n = P \lim_{n\to\infty} D^n P^{-1}$$

```
A=[0.7 0.2 0.1; 0.1 0.6 0.3;0.2 0.2 0.6]; % matriz de transición
v0=[0.3 0.5 0.2]'; % vector de estados
% Después de 2 años:
v2=A^2*v0;
% A largo plazo:
[P,D]=eig(sym(A))
syms n
```

```
vn =double(limit(P*D^n*inv(P)*v0,n,inf))
An=double(limit(P*D^n*inv(P),n,inf))
```

5.3.1. Ejercicios

Ejercicio 1. *Treinta aleaciones del tipo $90/10$ Cu-Ni, cada una con un contenido específico de hierro Fe son estudiadas bajo un proceso de corrosión. Tras un período de 60 días se obtiene la pérdida de peso p (en miligramos por decímetro cuadrado y día) de cada una de las aleaciones debido al proceso de corrosión. El objetivo es estudiar el nivel de corrosión en función del contenido de hierro*

Fe	0.01	0.48	0.71	0.95	1.19	0.01	0.48	1.44	0.71	1.96	0.01	1.44	1.96
p	127.6	124	110.8	103.9	101.5	130.1	122	92.3	113.1	83.7	128	91.4	86.2

Representar gráficamente los datos y decidir qué modelo se aplica. El modelo estadístico propuesto deberá ser capaz de explicar el comportamiento de los datos.

Ejercicio 2. *En la fabricación de un cierto producto X, la cantidad de un cierto compuesto β presente es controlada por la cantidad del ingrediente α utilizado en el proceso. Al fabricar un kilogramo de X se registran la cantidad α utilizada y la cantidad β presente. Se obtienen los siguientes datos*

Cantidad α utilizada	3	4	5	6	7	8	9	10	11	12
Cantidad β presente	4.5	5.5	5.7	6.6	7	7.7	8.5	8.7	9.5	9.7

Suponiendo que la relación entre la cantidad α y la cantidad β está dada por una ecuación lineal $\beta = a_1 + a_2\alpha$, determinar dicha recta utilizando el método de los mínimos cuadrados. Utilizar la ecuación obtenida para predecir la cantidad β presente en un kilogramo de X si se utilizan 30 unidades de α por kilogramo de X.
Indicación: *Se ajustan los datos mediante la regresión lineal $\beta = a_1 + a_2\alpha$. Los parámetros del modelos a_1 y a_2 se obtienen como solución por mínimos cuadrados del siguiente sistema lineal:*

$$\left\{\begin{array}{l} a_1 + a_2\alpha_1 = \beta_1 \\ \dots \\ a_1 + a_2\alpha_n = \beta_n \end{array}\right. \Leftrightarrow \begin{pmatrix} 1\ \alpha_1 \\ \dots \\ 1\ \alpha_n \end{pmatrix} \begin{pmatrix} a_1 \\ a_2 \end{pmatrix} = \begin{pmatrix} \beta_1 \\ \dots \\ \beta_n \end{pmatrix}$$

Una vez calculados, los parámetros a_1 y a_2 se utilizan para predecir la cantidad β presente en un kilogramo de X si se utilizan 30 unidades de α por kilogramo de X:

$$\beta_{pred} = a_1 + a_2 30$$

Ejercicio 3. *La tabla siguiente muestra la cantidad de un cierto contaminante, y, con respecto a la cantidad normal encontrada en un punto geográfico, para una cierta cantidad de aire y en intervalos de media hora:*

t	1	1.5	2	2.5	3	3.5	4	4.5	5
y	-0.15	0.24	0.68	1.04	1.21	1.15	0.86	0.41	-0.08

La gráfica de las medidas sugiere una relación de tipo polinómico. Encontrar el polinomio de grado 2 ($y = at^2 + bt + c$) que produzca un buen modelo a partir de estos datos.

Ejercicio 4. *Realizar una modelización por mínimos cuadrados de los siguientes datos de las ventas del iPad, mediante el modelo: $y^*(t) = a_0 + a_1 t + a_2 log_{10}(t)$. Predecir las ventas del año 2016 y calcular el intervalo de confianza.*

Año	2007	2008	2009	2011	2012	2015
Ventas (euro)	40010	45205	49823	54102	54200	54900

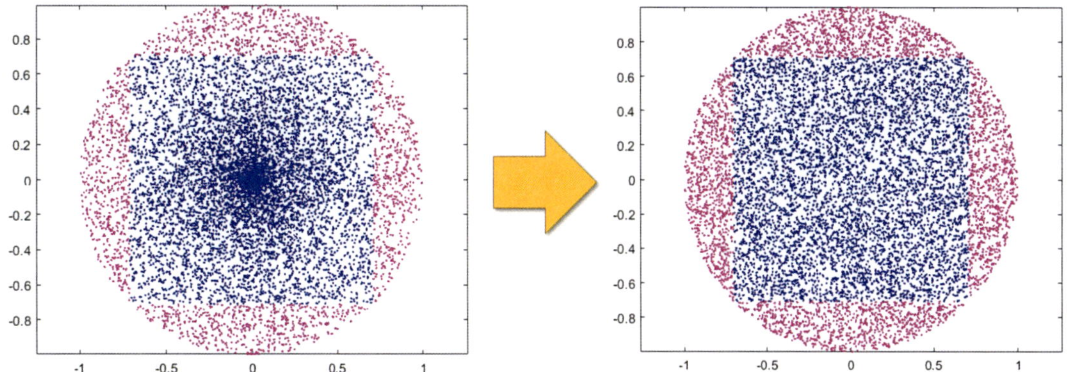

Figura 5.3: Dos distribuciones de los puntos generados aleatoriamente dentro del cuadrado inscrito en un círculo

Ejercicio 5. *Estimar el valor aproximado del número pi a partir de las estimación del área de un cuadrado inscrito en un círculo, mediante la técnica de simulación de Montecarlo.*

Indicación: Esta vez se generan los puntos aleatorios dentro del círculo, expresando las coordenadas de cada punto mediante sus coordenadas polares, y se cuentan cuantos han caído dentro del cuadrado (los puntos con las coordenadas menores o iguales que la mitad del lado del cuadrado, ya que el cuadrado y el círculo están centrados en el origen).
En este caso $\mathcal{A}_{circ} = N_{generados}$, y el area del círculo $\mathcal{A}_{cuadr} = N_{dentro}$

$$\pi_{estimado} = 2\frac{\mathcal{A}_{circ}}{\mathcal{A}_{cuadr}}$$

Observar como se distribuyen los puntos y averiguar cómo cambiar a una distribución uniforme.

Ejercicio 6. *En la UCI de un determinado hospital, cada paciente es clasificado de acuerdo a su estado de salud en: crítico, grave o estable. Estas clasificaciones son actualizadas cada mañana de acuerdo a la evaluación experimentada por el paciente. Las probabilidades con las que cada paciente pasa de un estado a otro se resumen en la siguiente tabla:*

	Crítico	***Grave***	***Estable***
Crítico	*0.5*	*0.3*	*0.2*
Grave	*0.3*	*0.4*	*0.3*
Estable	*0.2*	*0.3*	*0.5*

Se pide:

1. *Probabilidad de que un paciente en estado crítico el jueves esté estable el sábado.*
2. *Probabilidad de que un paciente estable el miércoles no esté estable el viernes.*
3. *Porcentaje de UCI que debería ser reservado para pacientes en estado crítico.*

Práctica 2: Problemas Lineales Completos en Rango

El objetivo de esta práctica es resolver problemas lineales sobredeterminados y subdeterminados mediante las soluciones de mínimos cuadrados y norma mínima. También se utilizarán diferentes modelos de regresión y técnicas de linealización.

6.1. Problema Directo y Problema Inverso

PROBLEMA DIRECTO o *forward*
Se conocen:

- $\mathbf{x} = (x_1, ..., x_m)$ los datos de entrada
- $\phi_1, \phi_2, ..., \phi_n$ las funciones base que determinan la matriz A

$$A = \begin{pmatrix} \phi_1(x_1) & \phi_2(x_1) & ... & \phi_n(x_1) \\ \phi_1(x_2) & \phi_2(x_2) & ... & \phi_n(x_2) \\ \vdots & \vdots & & \vdots \\ \phi_1(x_m) & \phi_2(x_m) & ... & \phi_n(x_m) \end{pmatrix}$$

Calcular los datos de salida **y**, aplicando el modelo a los datos conocidos $\mathbf{y} = A\mathbf{x}$.

Ejemplo 23. *Generar un conjunto de datos sintéticos a partir de 50 puntos equidistantes en el intervalo $[0, 2\pi]$, aplicando la función $f(x) = \cos(x)$ y agregando ruido.*

```
m=50; % número de datos
x=linspace(0,2*pi,m)'; % datos de entrada
y=cos(x); % datos de salida (yOBS)
% Agregar ruido:
noise=5; % factor de ruido
media=mean(y); % el ruido se centrará en la media de los datos de salida
mu=0.01; % desplazamiento
yr=y+noise*rand(m,1)*media-mu;
plot(x,yr,'m-o')
```

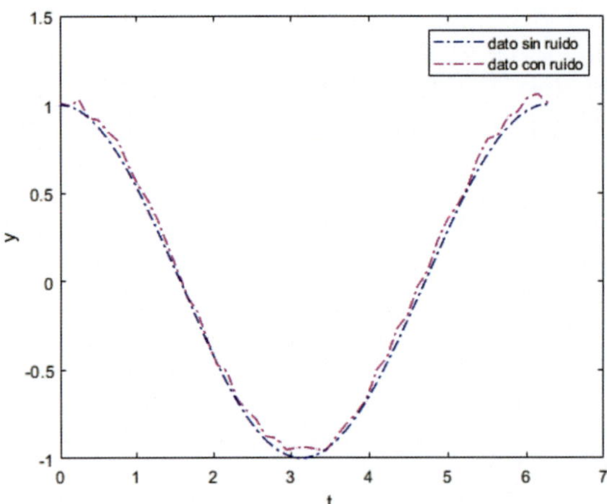

Figura 6.1: Datos generados con y sin ruido, mediante el problema directo

Problema inverso o *de identificación*
Se conocen:

- $\mathbf{y}_{obs} = y_1, ..., y_m$ los datos de salida
- $\phi_1, \phi_2, ..., \phi_n$ las funciones base, y por tanto A.

Se quieren determinar los parámetros del modelo **a** tal que

$$A\mathbf{a} \simeq \mathbf{y}_{obs}$$

Indicadores de bondad de un modelo de regresión
Hay varios indicadores que se pueden utilizar para evaluar el desempeño de un modelo de regresión:

- **Error absoluto** Se utiliza comúnmente como una métrica de evaluación de modelos de regresión, ya que es fácil de interpretar y proporciona una idea clara del desempeño del modelo. Sin embargo, es importante tener en cuenta que puede ser influenciado por valores extremos

$$err_{abs} = \|y_{pred} - y_{obs}\|.$$

Se pueden utilizar varias normas del error: $\|\cdot\|_1$, $\|\cdot\|_2$, y también $\|\cdot\|_\infty$.

- **Error relativo porcentual** es una medida de la diferencia relativa entre los valores reales y los valores predichos por el modelo.

$$err_{rel} = \frac{\|err_{abs}\|}{\|y_{obs}\|}100$$

En general, el error relativo es un buen indicador de la calidad del modelo.

- **Error RMS** (Root Mean Square - media cuadrática):

$$err_{RMS} = \frac{\|err_{abs}\|}{\sqrt{m}}$$

donde m es el número de datos.

- **Coeficiente de determinación** (R^2) compara la dispersión de los puntos en torno a la curva de regresión con la dispersión en torno a y_m, la media de los valores de la muestra.

$$R^2 = 1 - \frac{SSE}{SST}$$

donde:

  - SSE es *Suma de Cuadrados Inexplicada*, una medida de la dispersión de los valores observados de **y** en torno a la recta de regresión, la cual se conoce también como suma de cuadrados del error o suma residual de cuadrados.
  - SST es la *Suma Total de Cuadrados*, una medida de la dispersión de los valores observados de **y** en torno a su media y_m, es decir, una medida de la variación total en los valores observados.

Se utiliza para medir la bondad de un modelo de regresión lineal. Este valor está entre 0 y 1, y representa la variabilidad en los datos que es explicada por el modelo. Cuanto más cerca de 1, mejor es el modelo en cuanto a su capacidad para explicar la variabilidad en los datos.

A continuación se resolverán los siguientes problemas inversos y se estudiará la bondad del ajuste.

6.1.1. Problemas Puramente Sobredeterminados (PPS): $m > n$

Son los problemas donde el número de datos es mucho mayor que el número de parámetros del modelo. Estos problemas son incompatibles y, por tanto, se calcula una solución aproximada por el método de Mínimos Cuadrados:

$$\mathbf{x}_{MC} = (A^T A)^{-1} A^T \mathbf{b}$$

Ejemplo 24. *Ajustar un modelo polinómico de grado 4 a los datos con ruido generados con el problema directo, del ejemplo anterior.*

```
A=[ones(m,1) t t.^2 t.^3 t.^4]; % matriz del sistema
b=y;% término independiente
xMC=inv(A'*A)*A'*b; % solución de mínimos cuadrados
% Ajuste de los datos
y_pred=A*xMC;
figure
plot(t,y,'b-*');
hold on
plot(t,y_pred,'r-*')
% Bondad del modelo
ea=y-y_pred; % error absoluto
err=norm(ea)/norm(y)*100 % error relativo
rms=norm(ea)/sqrt(m); % error de la media cuadrática
R2=1-sum((y-y_pred).^2)/sum((y-mean(y)).^2) % coef. determinación
```

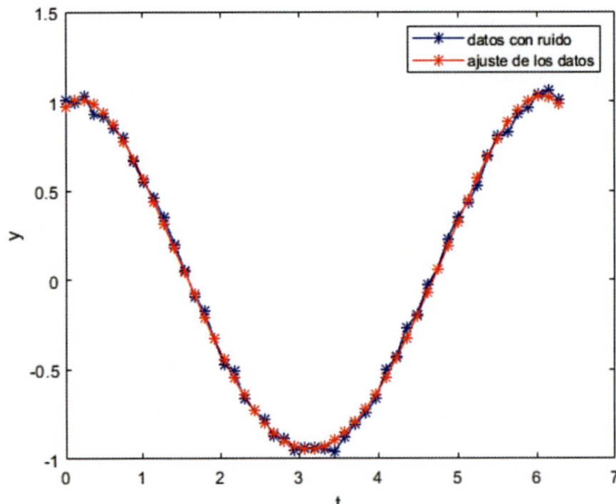

Figura 6.2: Ajuste de los datos con ruido, mediante el problema inverso

6.1.2. Problemas Puramente Indeterminados (PPI): $m < n$

Estos problemas son siempre compatibles y tienen una infinidad de soluciones. Se trata de encontrar la solución más simple, la solución de noma mínima:

$$\mathbf{x}_{NM} = A^T(AA^T)^{-1}\mathbf{b}$$

Ejemplo 25. *Encontrar los parámetros de un modelo polinómico de grado 4 que ajusta los siguientes datos:*

$$\{(-1, 0),\ (0, 1),\ (2, 3)\}$$

```
% Datos: {(-1,0);(0,1);(2,3)}
% Ajustar un polinomio de grado 4
t=[-1 0 2]';
y=[0 1 3]';
m=length(t);
A=[ones(m,1) t t.^2 t.^3 t.^4];
b=y;
% Ax=b, x=[a0,a1,a2,a3,a4]  coeficientes del polinomio de ajuste
n=size(A,2);
r=rank(A);% r=min(m,n) rango máximo

%% Solución a partir de las condiciones de ortogonalidad:
% 1) Calcular KerA:
base_Ker=null(sym(A));
v1=double(base_Ker(:,1));
v2=double(base_Ker(:,2));
% 2) Matriz del nuevo sistema con las condiciones de ortogonalidad
A_new=[A;v1';v2'];
b_new=[b;0;0];% sistema compatible determinado
x1=A_new\b_new;
```

```
%% Solución de norma mínima
xNM=A'*inv(A*A')*b;
```

6.2. Ejercicios

Ejercicio 7. *Aplicando el modelo determinista, resultado de la segunda ley de Newton*

$$x(t) = \frac{1}{2}gt^2 + v_0t + x_0$$

generar 50 *puntos de la trayectoria parabólica descrita por un misil.*

Ejercicio 8. *Encontrar un modelo polinómico que modelice los precios de la acción de Amazon durante el periodo* $2010 - 2021$*, y predecir el precio de una acción el 1 de enero de 2022.*
Aplicar también un modelo exponencial para modelizar estos datos y comparar con el modelo anterior.

Ejercicio 9. *Modelos de Regresión para la estimación de la resistencia del hormigón.*
A partir de unos datos relativos a un hormigón real contenidos en el fichero $data\_hormigon\_L1.xlsx$*, realizar la estimación de la resistencia medida en el testigo* F_c *a partir de la velocidad de las ondas ultrasónicas. Estos datos están publicados en el Repositorio de la Universidad de Oviedo, y se encuentran disponibles en el siguiente enlace: https://hdl.handle.net/10651/70487.*

1. *Construir los tres modelos de regresión (lineal, potencial y exponencial):*
   - *Regresión Lineal:* $F_c^* = a_0 + a_1V$
   - *Regresión Potencial:* $F_c^* = a_0V^{a_1}$
   - *Regresión Exponencial:* $F_c^* = a_0e^{a_1V}$
2. *En los últimos dos casos utilizar la reparametrización logarítmica para linealizar estos problemas.*
3. *Comparar los resultados obtenidos con Matlab para determinar cuál de estos modelos explica mejor los datos, calculando errores e índices de bondad del modelo.*

El método ultrasónico está basado en la propagación de ondas en un medio material, y se utiliza frecuentemente para determinar la uniformidad de un elemento, su espesor y su modulo elástico. Se trata de un ensayo no destructivo (permite conservar intacta la estructura que se ensaya), y consiste en la medición del tiempo que emplea un impulso ultrasónico (de frecuencia entre 20 y 150 kHz) al recorrer la distancia entre un transductor emisor y un transductor receptor, ambos acoplados al hormigón que se está estudiando. La velocidad de propagación obtenida (V) tiene una relación directa con los parámetros elásticos del material e indirecta con las propiedades de resistencia.

Ejercicio 10. *Encontrar los parámetros de un modelo polinómico de grado 6 que ajusta los siguientes datos:*
$(-1, 7)$, $(-0.54, 2.4)$, $(-0.08, 1.02)$, $(0.38, 1.29)$, $(0.84, 1.49)$, *y* $(1.3000, -2.49)$.

Ejercicio 11. *Realizar un ajuste de los siguientes datos utilizando como modelo un polinomio de grado* 6*:*

xx	*0*	*1*	*2*	*2.5*	*3*
yy	*2.9*	*3.7*	*4.1*	*4.4*	*5*

Práctica 3: Problemas Lineales Deficientes en Rango

El objetivo de la práctica es resolver problemas lineales deficientes en rango, haciendo hincapié en la consecuente incertidumbre de la solución. Se trabajan diferentes técnicas de regularización y se aplica a un ejemplo práctico de inversión gravimétrica.
Se trata de problemas lineales del tipo $A\mathbf{x} = \mathbf{b}$, donde $A \in \mathcal{M}_{m\times n}$ es una matriz incompleta en rango ($rg(A) < min(m,n)$), y $\mathbf{b} \in \mathcal{M}_{m\times 1}$.

Ejemplo 26. *Se considera el problema lineal $A\mathbf{x} = \mathbf{b}$, donde*

$$A = \begin{pmatrix} 1 & 1 & 1 \\ 1 & -1 & 1 \\ 2 & 0 & 2 \end{pmatrix} \quad y \quad \mathbf{b} = \begin{pmatrix} 1 \\ 1 \\ 3 \end{pmatrix}.$$

que es un problema deficiente en rango, ya que $rank(A) = 2$. Calcular una solución del problema por los siguientes métodos:

1. *Añadiendo las condiciones de ortogonalidad y calculando la solución de norma mínima de mínimos cuadrados.*

2. *Utilizando la matriz pseudoinversa.*

```
%% Problema Deficiente en rango
A=[1 1 1;1 -1 1;2 0 2];
b=[1 1 3]';
[m,n]=size(A);
r=rank(A);% r < min(m,n)
% Sistema incompatible, b no está en Col(A), A deficiente en rango

%% Añadir condiciones de ortogonalidad:
base_ker=null(sym(A));
A_new=[A;double(base_ker)'];b_new=[b;0];
r1=rank(A_new);% r1<min(m,n)
% Sistema A_new x=b_new incompatible, pero A_new'*A_new completa en rango
sol1=inv(A_new'*A_new)*A_new'*b_new;% sol de norma minima de MC

%% Pseudoinversa de Moore Penrose
sol2=pinv(A)*b;% pinversa
```

7.1. El Problema de Detección de un Cuerpo Denso mediante Inversión Gravimétrica

El objetivo es modelizar la función de densidad $\rho(x)$ de un cuerpo denso que se encuentra enterrado a una profundidad D, entre las coordenadas a y b, a partir de las mediciones de un gravímetro $\{g_z(s_1), ..., g_z(s_m)\}$.
El método gravimétrico consiste en la medición de la aceleración gravitatoria en la superficie, con el fin de detectar anomalías gravimétricas debidas a variaciones de densidad en las unidades geológicas presentes en el subsuelo.

7.1.1. El Problema Físico

En los puntos s_1,..., s_m se realizan las mediciones de aceleración $\vec{g}_z$, que se ve modificada por la fuerza de atracción $\vec{F}$ que ejerce cada punto x del cuerpo denso. Su componente vertical $\vec{F}_z$, es la que modificará la fuerza de gravedad y por tanto la aceleración gravitatoria $\vec{g}_z$, según se muestra en la figura 7.1.

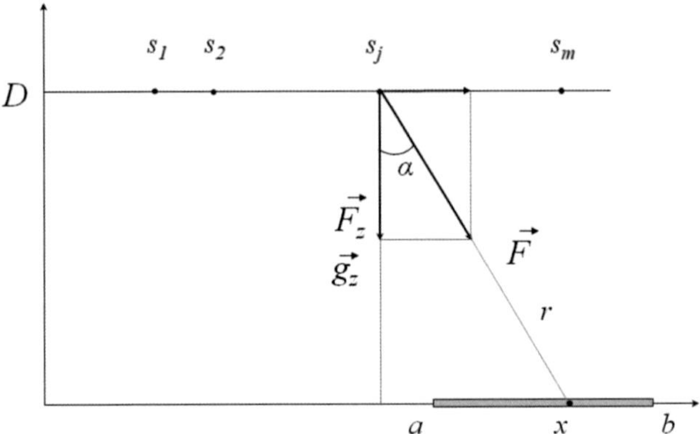

Figura 7.1: Método Gravimétrico

La *Ley de gravitación universal* relaciona la fuerza con la que se atraen dos cuerpos de masas m_1 y m_2 situados a una distancia r. El punto de observación s_j considerado de masa m_1 y el punto x del cuerpo denso de masa m_2, se atraen con la fuerza:

$$\mathbf{F} = -G\frac{m_1 m_2}{r^2}, \tag{7.1}$$

donde G es la constante de gravitación universal (Cavendish) $(G = 6.6732 \cdot 10^{-11} N \cdot m^2/kg^2)$.
Por otra parte, aplicando *la segunda Ley de Newton* en el punto de observación s_j se tiene:

$$F_z(s_j) = g_z(s_j)m_1 \tag{7.2}$$

Teniendo en cuenta las relaciones (7.1) y (7.2) y que $\mathbf{F}_z = \mathbf{F}\cos\alpha$ (figura 7.1), se obtiene

$$g_z(s_j) = -G\frac{m_2}{r^2}\cos\alpha, \tag{7.3}$$

donde r es la distancia entre el punto de observación s_j y el punto x del cuerpo denso, y m_2 es la masa del cuerpo denso.
Como

$$\cos\alpha = \frac{D}{r} = \frac{D}{\sqrt{D^2 + (s_j - x)^2}},$$

resulta

$$g_z(s_j) = -Gm_2 \frac{D}{(D^2 + (s_j - x)^2)^{3/2}}.$$

Para un cuerpo unidimensional situado en el intervalo $[a, b]$, de densidad $\rho(x)$, la masa total m es $m = \int_a^b \rho(x)dx$. Por tanto

$$g_z(s_j) = -G \int_a^b \frac{D}{(D^2 + (s_j - x)^2)^{3/2}} \rho(x)dx. \tag{7.4}$$

7.1.2. El Modelo Matemático

El modelo matemático que rige el problema en el caso unidimensional está dado por la ecuación (7.4).
Se trata de un modelo no lineal, en concreto de una ecuación integral de Fredholm de primera especie, que puede expresarse como sigue:

$$g_z(s_j) = -G \int_a^b K(x, s_j)\rho(x)dx, \tag{7.5}$$

donde

- $\rho(x)$ es la **función de densidad** del cuerpo denso que es desconocida, a y b son los límites del cuerpo denso,
- $K(x, s_j) = \frac{D}{(D^2+(s_j-x)^2)^{3/2}}$ es el **kernel** del método de inspección que depende del punto de medición s_j.

7.1.3. Linealización del Problema

Para modelizar la función desconocida $\rho(x)$ se discretiza su dominio $[a, b]$ en n intervalos de longitudes iguales, como se muestra en la siguiente figura 7.2.

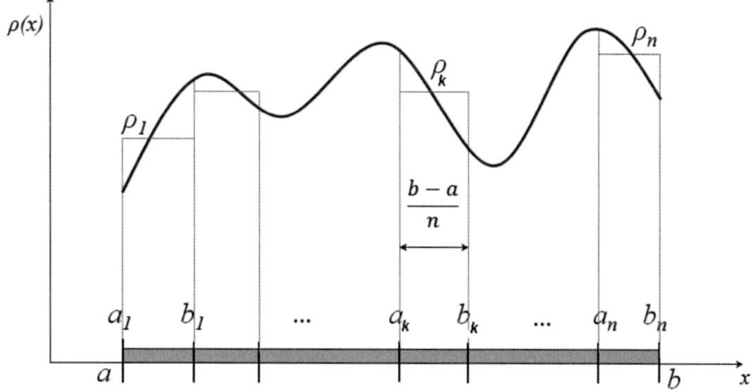

Figura 7.2: Función de densidad discretizada

La función $\rho(x)$ se puede aproximar por:

$$\rho(x) = \sum_{k=1}^{n} \rho_k \phi_k(x), \tag{7.6}$$

donde ρ_k es una constante en cada intervalo $[a_k, b_k]$, por ejemplo el valor medio entre $\rho(a_k)$ y $\rho(b_k)$, y las funciones base $\{\phi_k(x)\}_{k=1}^n$ son de tipo:

$$\phi_k(x) = \begin{cases} 1 \ , & x \in [a_k, b_k] \\ 0 \ , & x \notin [a_k, b_k] \end{cases}$$

Sustituyendo $\rho(x)$ por su expresión (7.6) en (7.5), y teniendo en cuenta que $\phi_k(x) = 1$ en el intervalo $[a_k, b_k]$, y 0 en el resto, se obtiene:

$$g_z(sj) = -G \int_a^b K(x, s_j) \sum_{k=1}^n \rho_k \phi_k(x) dx = -G \sum_{k=1}^n \rho_k \int_{a_k}^{b_k} K(x, s_j)\phi_k(x) dx = \sum_{k=1}^n \rho_k F_{jk}$$

donde

$$F_{jk} = -G \int_{a_k}^{b_k} K(x, s_j) dx, \quad \forall k = 1, ..., n, \quad \forall j = 1, ..., m$$

El elemento F_{jk} depende del punto de medición s_j y del intervalo k de la discretización del cuerpo denso.
El problema de modelización se transforma en el siguiente sistema lineal:

$$\left\{ \begin{array}{rcl} \rho_1 F_{11} + \cdots + \rho_n F_{1n} & = & g_z(s_1) \\ & \vdots & \\ \rho_1 F_{m1} + \cdots + \rho_n F_{mn} & = & g_z(s_m) \end{array} \right. \iff F\boldsymbol{\rho} = \mathbf{g}_{obs},$$

donde:

- $F = (F_{jk}), \ \ j = 1, ..., m, \ \ k = 1, ..., n$ es la matriz de sensibilidad
- $\boldsymbol{\rho} = (\rho_1, ..., \rho_n)$ son los parámetros desconocidos del modelo de densidad
- $\mathbf{g}_{obs} = (g_z(x_1), \cdots, g_z(x_m))$ son los datos medidos en la superficie

7.2. Técnicas de Regularización

Como se ha visto en 2.6, la regularización es necesaria para evitar el mal condicionamiento y estabilizar la solución del sistema.

REGULARIZACIÓN POR AMORTIGUAMIENTO

Ejemplo 27. *Se considera el problema lineal $A\mathbf{x} = \mathbf{b}$, donde*

$$A = \begin{pmatrix} 1 & 2 & 3 & 4 \\ 0 & -1 & 20 & 3 \\ 1 & 2 & 3 & 4 \\ 1 & 3 & 10 & -5 \end{pmatrix} \quad y \quad \mathbf{b} = \begin{pmatrix} 1 \\ 2 \\ 3 \\ 4 \end{pmatrix}.$$

Calcular el número de condición de las matrices AA^T y A^TA y dar una solución regularizada del problema.

```
A=[1 2 3 4;0 -1 20 3;1 2 3 4;-1 3 10 -5];
b=[1 2 3 4]';
[m,n]=size(A);
r=rank(A);% r<min(m,n), sistema incompatible
%% Análisis matriz A
r=rank(A*A');% matriz singular o casi, se necesita regularizar
c1=cond(A*A');% mal condicionada
c2=cond(A'*A);% mal condicionada
%% Solución de Norma Mínima Regularizada
epsilon=0.005;% factor de regularización Tihonov
xNMR=A'*(inv(A*A'+epsilon^2*eye(m)))*b;

%% Pseudoinversa regularizada:
xPinv=pinv(A,epsilon)*b;
```

Regularización por Truncamiento

Ejemplo 28. *Dada una señal* ***x*** *con ruido y una matriz de muestreo* A*, reconstruirla mediante regularización por truncamiento utilizando SVD.*

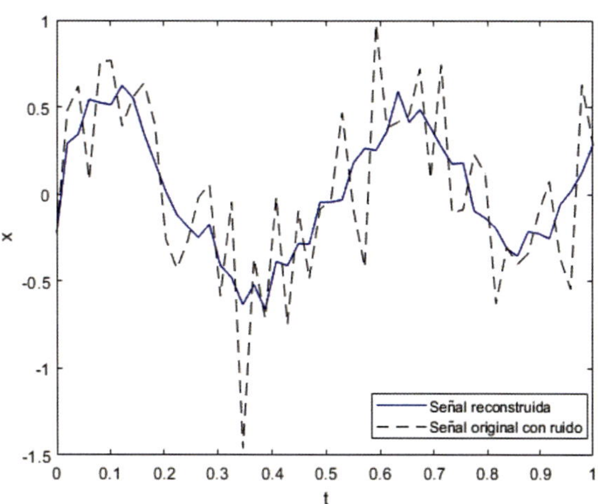

Figura 7.3: Señal original y reconstruida mediante truncamiento.

```
% Generar señal con ruido
n = 50; % Número de puntos de la señal
t = linspace(0,1,n)';
x = sin(4*pi*t)+ randn(n,1)*0.1;

% Matriz de muestreo A
m = 20; % Número de medidas
A=randi([-4,4],m,n);
y=A*x;

% Calcular SVD de A
```

```
[U,S,V] = svd(A);

% Truncamiento de valores singulares
k = min(m,n); % Número de valores singulares a mantener
Uk = U(:,1:k);
Sk = S(1:k,1:k);
Vk = V(:,1:k);

% Reconstrucción de señal regularizada
x = Vk*(Sk\Uk'*y(1:k));
x_reg=smooth(x);

figure
plot(t,x_reg,'b-',t,x,'k--');
legend('Señal reconstruida','Señal original');
```

7.3. Ejercicios

Ejercicio 12. *El fichero* $Datos\_CD\_Gauss.xlsx$*, disponible en el enlace: https://hdl.handle.net/10651/70487, proporciona los datos de un cuerpo denso cuya densidad sigue un modelo gaussiano*

$$\rho(x) = A + \frac{B}{\sqrt{2\pi}\sigma} e^{-\frac{(x-\mu)^2}{2\sigma^2}}$$

con $\mu = 1$, $\sigma = 0.5$, $A = 2.75$ *y* $B = 0.25$. *Se pide:*

1. *Hallar el modelo de densidad* $\rho_1, ..., \rho_n$ *para el sistema lineal* $F\boldsymbol{\rho} = \boldsymbol{g}_{obs}$. *Teniendo en cuenta que para discretizaciones muy finas se obtiene un sistema altamente subdeterminado* ($n \gg m$)*, con matriz deficiente en rango, resolverlo aplicando:*

   a) *la solución de norma mínima regularizada*

   b) *la pseudoinversa de Moore-Penrose.*

2. *Resolver el mismo problema utilizando como kernel*

$$K(x, s_j) = e^{-|x-s_j|^2}$$

   a partir de los datos $Datos\_Ker\_densityGauss.xlsx$. *Estos datos están publicados en el Repositorio de la Universidad de Oviedo, y se encuentran disponibles en el siguiente enlace: https://hdl.handle.net/10651/70487.*

3. *Analizar la bondad de la solución cuando se varían los parámetros* D *y* n.

Práctica 4: Técnicas de reducción de la dimensionalidad

El objetivo de esta práctica es mostrar unas sencillas técnicas de reducción de la dimensionalidad de un problema, basadas en la descomposición en valores singulares de una matriz (SVD).

1. **Compresión de datos**: Mediante la SVD se factoriza una matriz de datos para recontruirla posteriormente, de forma aproximada, utilizando solo los valores singulares que retienen el mayor porcentaje de información de la matriz. Esto puede ayudar a reducir el tamaño del archivo de datos y ahorrar espacio de almacenamiento.

2. **Análisis y visualización de datos**: El análisis de componentes principales (PCA) se utiliza para reducir la dimensionalidad y visualizar un conjunto de datos al proyectarlo en un espacio de menor dimensión.

8.1. SVD

Como ya se ha visto en la sección 2.5.1, la SVD es una técnica matemática utilizada en el análisis y minería de datos, para reducir la dimensionalidad, identificar patrones, eliminar ruido, etc. Se puede aplicar a una amplia variedad de problemas, incluyendo la compresión de imágenes o el aprendizaje automático, entre otras.
Cualquier matriz $A \in \mathcal{M}_{m\times n}$ puede factorizar de la siguiente manera:

$$A = U\Sigma V^T, \tag{8.1}$$

donde:

- $U = [\mathbf{u}_1, \dots, \mathbf{u}_m] \in \mathcal{M}_{m\times m}$, matriz ortogonal, cuyas columnas $\mathbf{u}_1, \dots, \mathbf{u}_m$ son una base de vectores propios de AA^T.

- $V = [\mathbf{v}_1, \dots, \mathbf{v}_n] \in \mathcal{M}_{n\times n}$, matriz ortogonal, cuyas columnas $\mathbf{v}_1, \dots, \mathbf{v}_n$ son una base de vectores propios de A^TA.

- $\Sigma \in \mathcal{M}_{m\times n}$, matriz diagonal por bloques.

$$\Sigma = \left(\begin{array}{ccc|c} \sigma_1 & \cdots & 0 & \\ & \ddots & & O_{r\times n-r} \\ 0 & \cdots & \sigma_r & \\ \hline & O_{m-r\times r} & & O_{m-r\times n-r} \end{array}\right), \text{ con } r = rg(A) = rg(\Sigma) \leq \text{mín}(m,n).$$

Los valores singulares $\sigma_1, \cdots, \sigma_r$ de la diagonal de la matriz Σ son las raices cuadradas de los valores propios no nulos que resultan de la diagonalización de las matrices AA^T o $A^T A$, de modo que $\sigma_1 \geq \sigma_2 \geq \cdots \geq \sigma_r > 0$.
En la práctica, para calcular los valores singulares de A se elige la diagonalización de la matriz de menor tamaño.
De (8.1) resulta que A se puede escribir como producto de los vectores singulares de la siguiente manera:

$$A = \sum_{k=1}^{r} \sigma_k \mathbf{u}_k \mathbf{v}_k^T. \tag{8.2}$$

Las aplicaciones de reducción de la dimensionalidad que se presentan a continuación se basan en la eliminación de los términos correspondientes a valores singulares pequeños.

Ejemplo 29. *Aplicar la SVD para comprimir las imágenes* `playa.jpg` *y Venere.jpg, disponibles en https://hdl.handle.net/10651/70487.*

Figura 8.1: Imágenes con diferente grado de detalle: *Venere.jpg* y *playa.jpg*

La compresión de la imagen I se realiza utilizando los primeros $N < r$ valores singulares. Aplicando (8.2) se expresa la imagen como

$$I = \sum_{k=1}^{N} \sigma_k \mathbf{u}_k \mathbf{v}_k^T.$$

Se manejarán dos criterios para determinar N, el número de términos que se conservan:

1. N elegido relativamente pequeño para reducir la dimensión de I, por ejemplo $N = 100$.

2. N calculado para conservar un porcentaje de la información contenida en la imagen, por ejemplo $p = 90\,\%$.

```
I1=imread('playa.jpg');
imshow(I1)
% Transformar la imagen a escala de grises
I=double(rgb2gray(I));
% SVD de la imagen
[U,Sigma,V]=svd(I);
D=diag(Sigma);% diagonal de Sigma
imagesc(Sigma)
% Porcentaje de energía que se quiere conservar
p=0.9;
```

```
energia=cumsum(D)/sum(D);% vector de energías acumuladas
energ_p=find(energia>E);% elementos mayores que E
N=energ_p(1);% número de valores singulares que se conservan

% Rehacer la imagen comprimida:
figure
[m,n]=size(I);
I_compr=zeros(m,n);% inicializar la imagen
for k=1:N
    I_compr=I_compr+Sigma(k,k)*U(:,k)*V(:,k)';
    imshow(uint8(I_compr))
    title(k)
    pause(0.05)
end
```

8.2. PCA

Como se ha visto en 2.7, el PCA es una técnica para análisis de la variabilidad observada en un conjunto de muestras. La idea es encontrar las combinaciones lineales de las variables originales que expliquen la mayor variabilidad en los datos. La técnica identifica las variables que están altamente correlacionadas y las combina para formar nuevas variables que se llaman **componentes principales**. Estas nuevas variables se ordenan por la cantidad de varianza que explican y se pueden utilizar para reducir la dimensionalidad eliminando redundancias.

Ejemplo 30. *Se considera el conjunto de imágenes de caras (muestras) dado en el fichero* `caras.mat`*, disponible en https://hdl.handle.net/10651/70487. Aplicar el algoritmo PCA a estos datos para:*

- *Reducir su dimensión.*
- *Visualizar los datos en 2D.*
- *Resolver el problema de reconocimiento facial para clasificar una nueva cara.*

- **Paso 1: Estandarizar datos**

  Cada imagen se transforma en un vector de píxeles (variables) formado por las columnas consecutivas de la matriz imagen:

	pixel 1	**pixel 2**	$\cdots$	**pixel n**
cara 1				
cara 2				
$\cdots$				
cara m				

  En este caso el número de imágenes es $m = 24$ y el número de píxeles de cada imagen es $n = 10304$, es decir el número de muestras es mucho menor que el de variables.

  Se forma la matriz de datos X cuyas filas son los vectores de píxeles obtenidos anteriormente. A continuación esta matriz se centra y se normaliza tal como se ha visto en la sección 2.7

$$X = \begin{pmatrix} \mathbf{x}_1 \\ \vdots \\ \mathbf{x}_m \end{pmatrix} \Longrightarrow \quad X_c = X - \boldsymbol{\mu} \quad \Longrightarrow \quad X_s = \frac{X_c}{\boldsymbol{\sigma}}$$

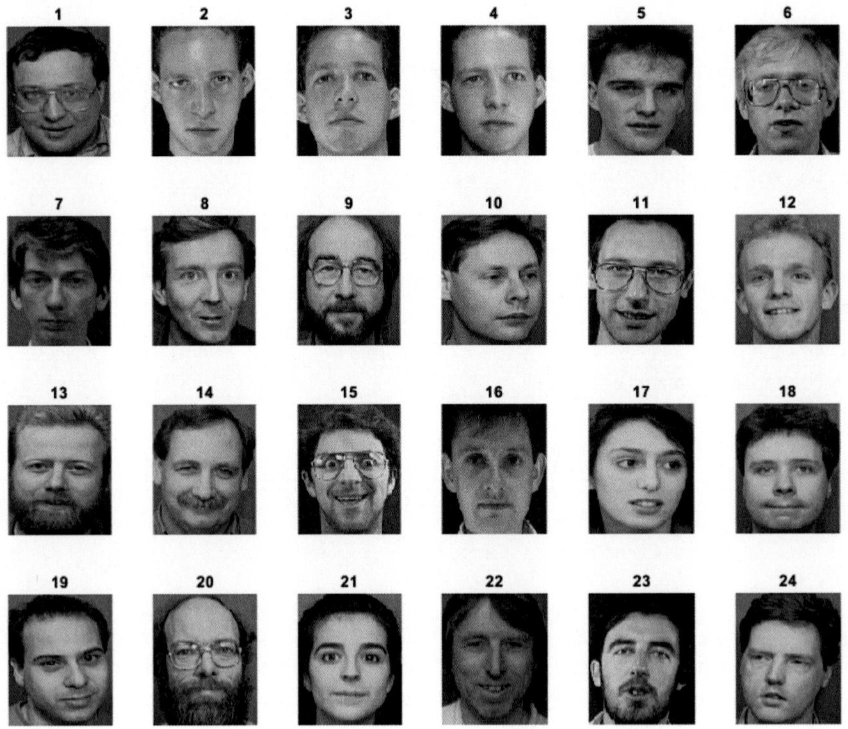

Figura 8.2: Conjunto de caras a analizar.

- **Paso 2: Matriz de correlación**

  Se trabaja con la matriz $C = \frac{1}{m-1} X_s X_s^T \in \mathcal{M}_{m \times m}$, tal y como se explica en la sección 2.7.1.

- **Paso 3: Diagonalización**

  En este paso se debe diagonalizar la matriz de correlación por columnas 2.7.1 para obtener la matriz de vectores propios V. En la práctica, se recurre a la SVD de C (de tamaño reducido) para calcular V, que al ser de gran tamaño no puede calcularse directamente diagonalizando:

  $$C = U \Sigma V^T \Longrightarrow V \Sigma^T = X_s^T U$$

  Se forma una base con las primeras $r = rank(C)$ columnas de V.

- **Paso 4: Elección de q para formar la base reducida B_q**

  Se quiere conservar un número q de componentes principales que guarden un porcentaje dado p de la información total de los datos. Se forma el vector E de los porcentajes de información acumulada, cuyo elemento k es:

  $$E(k) = \frac{\sum_{i=1}^{k} \lambda_i}{\sum_{i=1}^{n} \lambda_i} 100$$

  Se busca el primer k para el cual $E(k) \geq p$, y se considera $q = k$ para formar la base reducida de los primeros q vectores de la base formada por las columnas de V.

  $$B_q = \{\mathbf{v}_1, \cdots, \mathbf{v}_q\}$$

- **Paso 5: Proyección de los datos sobre B_q**

$$X_{pro} = X_s B_q$$

Las componentes principales son las columnas de la matriz X_{pro} y sus filas son las coordenadas de las imágenes expresadas en la base B_q.

```
%% Matriz de datos:
X=[];
for k=1:m
    Ik=img(k).imagen;
    Ik=double(Ik(:));% transformar matriz de píxeles en vector columna
      X=[X;Ik'];% imágenes por filas
end
%% Estandarizar
Xc=X-mean(X);
Xs=Xc./std(Xc);% m x n
%% Matriz de Correlación
C=1/(m-1)*Xs*Xs';% la más pequeña
%% Diagonalizar
r=rank(C);
[U,Sigma,~]=svd(C);
V_sigma=Xs'*U;% V*Sigma'=Xs'*U
% Normalizar esta base
for k=1:r
    Base(:,k)=V_sigma(:,k)/sqrt(Sigma(k,k));
end
% Vector $E$ de los porcentajes de información acumulada
E=cumsum(diag(Sigma))/sum(diag(Sigma));
p=0.9;% 90% de información
v_q=find(E>=p);% vector de indices que cumplen E>=p
q=v_q(1);% el primer indice para el cual E>=p
Bq=Base(:,1:q);% base reducida
% Componentes principales
Xpro=Xs*Bq;% proyectar datos sobre la base reducida

%% Visualizar datos y clases en 2D:
figure
nr=[1:m]';% etiquetas caras
plot(Xpro(:,1),Xpro(:,2),'v','MarkerFaceColor','r'), hold on
text(Xpro(:,1),Xpro(:,2),num2str(nr))
```

```
%% Reconocimiento facial
Inew=img(end).imagen;
Inew=double(Inew(:));
X=[X;Inew'];% se añade Inew a la matriz de datos
Xc=X-mean(X);
Xs=Xc./std(Xc);
```

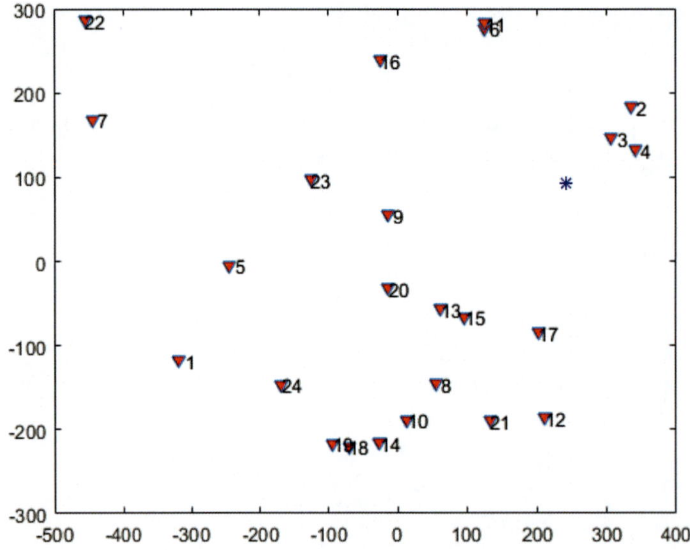

Figura 8.3: Visualización de los datos en 2D, junto a Inew (asterisco azul)

```
Is=Xs(end,:);% imagen estandarizada
% Calcular sus coordenadas en la base Bq
Ipro=Is*Bq;
% Representarla en la misma ventana y ver que caras tiene muy próximas
plot(Ipro(1),Ipro(2),'*b')
% distancias de Ipro a las demás caras, sólo con las primeras 2 coord.
for k=1:m-1
      d(k)=norm(Ipro([1,2])-Xpro(k,[1,2]));
end
[d_ord,ind]=sort(d);% Vector ordenado de distancias
% los primeros 3 clasificados vs la original
figure
subplot(1,4,1), imshow(img(ind(1)).imagen), title(1)
subplot(1,4,2), imshow(img(ind(2)).imagen), title(2)
subplot(1,4,3), imshow(img(ind(3)).imagen), title(3)
subplot(1,4,4), imshow(img(end).imagen), title('orig')
%%
```

8.3. Ejercicios

Ejercicio 13. *Comprimir las imágenes `Venere.jpg` y `playa.jpg`, que presentan grados de detalle muy diferentes, utilizando el mismo porcentaje de información $p = 95\,\%$, calculando el número de términos N necesarios en cada caso. Estas imágenes se encuentran disponibles en el enlace https://hdl.handle.net/10651/70487.*

Ejercicio 14. *Se considera el conjunto de muestras de pacientes de covid-19, dado en el fichero `pacientes.mat`, disponible en https://hdl.handle.net/10651/70487. Aplicar el algoritmo PCA a estos*

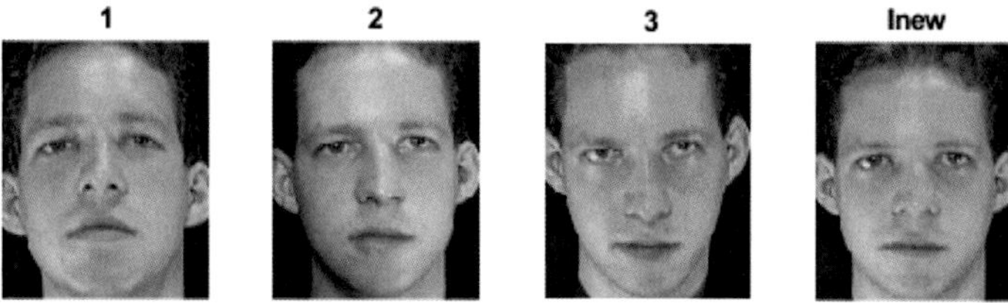

Figura 8.4: Las primeras 3 caras más cercanas a Inew.

datos para hallar las variables médicas más discriminatorias para este diagnóstico.

1. *Representar los datos en 2D y en 3D.*
2. *Encontrar las primeras 5 variables más discriminatorias.*
3. *Clasificar una nueva muestra proyectándola sobre la base reducida calculando la distancia mínima a las otras muestras.*

Práctica 5: Métodos de Descenso para la resolución de sistemas lineales

El objetivo de esta práctica es aplicar métodos de descenso para la resolución de sistemas lineales $A\mathbf{x} = \mathbf{b}$ cuya matriz A es grande y dispersa. Se trata de métodos iterativos frecuentemente utilizados por ser mucho más rápidos y robustos que los métodos directos.
Los métodos de descenso buscan una solución al sistema lineal $A\mathbf{x} = \mathbf{b}$ calculando iterativamente una secuencia de vectores aproximados $\mathbf{x}_k$, que se acercan cada vez más a la solución exacta. En cada iteración k, el método de descenso utiliza una dirección de búsqueda y una longitud de paso α_k para actualizar el vector aproximado $\mathbf{x}_k$ y así obtener $\mathbf{x}_{k+1}$.

9.1. Método del Gradiente

La idea central del método del gradiente es utilizar, en cada iteración, la dirección de máxima pendiente descendente para minimizar el error de predicción

$$\|\mathbf{r}\| = \|A\mathbf{x} - \mathbf{b}\|$$

donde $\mathbf{r}$ es el vector residuo.

- **Paso 1**:
    - Se elige una solución inicial $\mathbf{x}_0$, y se calcula la dirección de descenso inicial $\mathbf{d}_0 = \mathbf{r}_0$ (se ha visto que el residuo se puede interpretar como la dirección de máximo descenso),

    $$\mathbf{r}_0 = \mathbf{b} - A\mathbf{x}_0$$

    - Se determina el paso inicial α_0 resolviendo el problema de optimización (2.22), de donde resulta que:

    $$\alpha_0 = \frac{\mathbf{r}_0^T \mathbf{r}_0}{\mathbf{r}_0^t A \mathbf{r}_0}$$

    - Se actualiza la solución después de dar el primer paso α_0 en la dirección de máximo descenso $\mathbf{r}_0$:

    $$\mathbf{x}_1 = \mathbf{x}_0 + \alpha_0 \mathbf{r}_0$$

- **Paso k**:
    - dirección de máxima pendiente descendente en el punto $\mathbf{x}_k$

    $$\mathbf{r}_k = \mathbf{b} - A\mathbf{x}_k$$

- longitud de paso

$$\alpha_k = \frac{\mathbf{r}_k^T \mathbf{r}_k}{\mathbf{r}_k^t A \mathbf{r}_k}$$

- actualización de la solución

$$\mathbf{x}_{k+1} = \mathbf{x}_k + \alpha_k \mathbf{r}_k, \quad k \geq 1$$

- condiciones de parada: $k < N_{max}$ donde N_{max} es el número máximo de iteraciones, o $\|\mathbf{r}_k\| < \varepsilon$.

Este proceso se repite hasta que se alcanza una solución que satisface alguno de los criterios de parada.
El método del gradiente es especialmente efectivo cuando la matriz del sistema es grande y dispersa, está bien condicionada y la solución exacta es cercana al vector inicial. Sin embargo, si la matriz es mal condicionada o la solución exacta está lejos del vector inicial, el método del gradiente puede converger lentamente o incluso divergir. En estos casos, se recomienda utilizar métodos de descenso más avanzados como el método de gradiente conjugado o el método de gradiente conjugado precondicionado.

OBSERVACIONES

- Se ha utilizado como estimador del error la norma del residuo porque no obliga a almacenar más vectores de la sucesión que el último calculado.
- Inicialmente se le asigna al error de predicción un valor mayor que la tolerancia ε para que el algoritmo realice al menos una iteración.
- El valor *maxiter* representa el número máximo de iteraciones que realiza el algoritmo, independientemente de que haya alcanzado o no la solución.

Teniendo en cuenta que

$$\mathbf{r}_k = \mathbf{b} - A\mathbf{x}_k = \mathbf{b} - A(\mathbf{x}_{k-1} + \alpha_{k-1}\mathbf{r}_{k-1}) = \mathbf{b} - A\mathbf{x}_{k-1} - \alpha_{k-1}A\mathbf{r}_{k-1} = \mathbf{r}_{k-1} - \alpha_{k-1}A\mathbf{r}_{k-1}$$

se puede modificar el algoritmo anterior para obtener una versión más eficiente del método del gradiente.

Algorithm 1 Algoritmo Gradiente

```
Input: A, b, x_0, N_max, Tol,
Output: sol, k
  r = b − A x_0, err = ||r||                 ▷ Error de predicción inicial
  k = 1                                      ▷ Inicializar contador de pasos
  while k ≤ N_max and err ≥ Tol do
      α = (r^T r)/(r^T A r)                  ▷ Longitud del paso
      x_1 = x_0 + α r
      x_0 ← x_1                              ▷ Actualizar la solución
      r = b − A x_0, err = ||r||             ▷ Actualizar el error de predicción
      k ← k + 1                              ▷ Actualizar el contador
  end while
  sol = x_0
```

Ejemplo 31. *Construir un fichero de función* `gradiente.m` *que resuelva un sistema de ecuaciones por el método del gradiente, utilizando*

$$\|\boldsymbol{r}\| \leq tol, \quad \boldsymbol{r} = \boldsymbol{b} - A\boldsymbol{x}$$

y el número máximo de iteraciones como condiciones de parada.

```
function [sol,k]= gradiente(A,b,x0,Nmax,tol)
r=b-A*x0;
k=1;
fprintf(' N  |  err    |  \n ')
fprintf('----+--------+- \n')
fprintf(' %4i | %4.4f |   \n',k,norm(r))
while norm(r)>=tol && k<Nmax
      alpha=(r'*r)/(r'*A*r);
      x1=x0+alpha*r;
      x0=x1;
      r=b-A*x0;
      plot(k/100,norm(r),'bo'),hold on
      k=k+1;
      fprintf(' %2i | %4.6f |   \n',k,norm(r))
end
sol=x1;
if norm(r)<tol
    fprintf('Gradiente converge en %d iteraciones \n',k)
else
    fprintf('Gradiente no converge en %d iteraciones \n',k)
end
```

9.2. Método del Gradiente Conjugado

Este método es una variante del método del gradiente que utiliza, en cada iteración, una dirección de búsqueda conjugada a las anteriores para acelerar la convergencia. Además, la sucesión de las soluciones $\{\mathbf{x}_k\}_{k\geq 0}$ converge siempre hacia $\mathbf{x}^*$, solución exacta del sistema $A\mathbf{x} = \mathbf{b}$, para cualquier $\mathbf{x}_0 \in \mathbb{R}^n$.

- **Paso 1**:
  - Se elige una solución inicial $\mathbf{x}_0$ y se calcula la dirección de descenso inicial

    $$\mathbf{d}_0 = \mathbf{r}_0 = \mathbf{b} - A\mathbf{x}_0 = -\nabla f(\mathbf{x}_0)$$

  - El paso inicial α_0 se obtiene resolviendo el problema de optimización, (2.22), de donde resulta que

    $$\alpha_0 = \frac{\mathbf{d}_0^T \mathbf{r}_0}{\mathbf{d}_0^T A \mathbf{d}_0} = \frac{\mathbf{r}_0^T \mathbf{r}_0}{\mathbf{d}_0^T A}$$

  - Se actualiza la solución después de dar el primer paso α_0 en la dirección $\mathbf{d}_0$

    $$\mathbf{x}_1 = \mathbf{x}_0 + \alpha_0 \mathbf{r}_0.$$

- **Paso k**:
    - residuo generado por la solución anterior
    $$\mathbf{r}_k = \mathbf{b} - A\mathbf{x}_k$$
    - dirección de búsqueda conjugada a todas las anteriores
    $$\mathbf{d}_k = \mathbf{r}_k + \beta_k \mathbf{d}_{k-1},$$
    con $\beta_k = -\dfrac{\mathbf{r}_k^T A\mathbf{d}_{k-1}}{\mathbf{d}_{k-1}^T A\mathbf{d}_{k-1}}, \quad k \geq 1.$
    - longitud del paso
    $$\alpha_k = \frac{\mathbf{r}_k^T \mathbf{r}_k}{\mathbf{d}_k^T A\mathbf{d}_k}, \quad k \geq 1$$
    - actualización de la solución
    $$\mathbf{x}_{k+1} = \mathbf{x}_k + \alpha_k \mathbf{d}_k, \quad k \geq 0$$
    - condiciones de parada: $k < N_{max}$ donde N_{max} es el número máximo de iteraciones, o $\|\mathbf{r}_k\| < \epsilon$.

Este proceso se repite hasta que se cumpla alguno de los criterios de parada.

Algorithm 2 Algoritmo Gradiente Conjugado

Input: A, **b**, $\mathbf{x}_0$, N_{max}, Tol,
Output: **sol**, k
  $\mathbf{r} = \mathbf{b} - A\mathbf{x}_0$, $err = \|\mathbf{r}\|$ ▷ Error de predicción inicial
  d=**r** ▷ Inicializar la dirección de descenso
  $k = 1$ ▷ Inicializar el contador de pasos
  while $k \leq N_{max}$ **and** $err \geq Tol$ **do**
    $\alpha = \frac{\mathbf{r}^T\mathbf{d}}{\mathbf{d}^T A\mathbf{d}}$ ▷ Longitud del paso
    $\mathbf{x}_1 = \mathbf{x}_0 + \alpha\mathbf{d}$
    $\mathbf{x}_0 \leftarrow \mathbf{x}_1$ ▷ Actualizar la solución
    $\mathbf{r} = \mathbf{b} - A\mathbf{x}_0$, $err = \|\mathbf{r}\|$ ▷ Actualizar el error de predicción
    $\beta = -\frac{\mathbf{r}^T A\mathbf{d}}{\mathbf{d}^T A\mathbf{d}}$
    $\mathbf{d} = \mathbf{r} + \beta\mathbf{d}$ ▷ Actualizar la dirección de descenso
    $k \leftarrow k + 1$ ▷ Actualizar el contador
  end while
  sol $= \mathbf{x}_0$

Ejemplo 32. *Construir un fichero de función* `gradiente_conjugado.m` *que resuelva un sistema de ecuaciones por el método del gradiente conjugado, utilizando*

$$\|\mathbf{r}\| \leq tol, \quad \mathbf{r} = \mathbf{b} - A\mathbf{x}$$

y el número máximo de iteraciones como condiciones de parada.

```
function[sol,k]=gradiente_conjugado(A,b,x0,tol,Nmax)
k=1; % Inicialización de las iteraciones
sol=x0;
r=b-A*x0;% inicializar residuo
d0=r;% dirección incicial
err=1;
  fprintf(' N  |  err   |  \n ')
  fprintf('----+--------+- \n')
  fprintf(' %4i | %4.4f |  \n',k,norm(r))
while err>tol && k<Nmax
      alpha0=(r'*r)/(r'*A*d0);
      x1=x0+alpha0*d0;
      r=r-alpha0*A*d0;% r=b-A*x1;
      beta=-(r'*A*d0)/(d0'*A*d0);
      d=r+beta*d0;% la nueva dirección
      x0=x1;d0=d;
      err=norm(r);
      k=k+1;
      plot(k/100,err,'*m'), hold on
      fprintf(' %2i | %4.6f |  \n',k,norm(r))
end
sol=x1;
if err<tol
    fprintf('Gradiente conjugado converge en %d iteraciones \n',k)
else
    fprintf('Gradiente conjugado no converge en %d iteraciones \n',k)
end
```

Aplicar la función obtenida para resolver el sistema $A\boldsymbol{x} = \boldsymbol{b}$, con

$$A = \begin{pmatrix} 3 & 2 \\ 2 & 6 \end{pmatrix}, \quad \boldsymbol{b} = \begin{pmatrix} 2 \\ -8 \end{pmatrix},$$

y solución inicial $\boldsymbol{x}_0 = (-2, -2)$. Comparar la solución con la obtenida por el método del gradiente.

```
A=[3 2;2 6];b=[2 -8]';x0=[-2,-2]';
Nmax=1000;
Tol=1e-6;
syms x y
f(x,y)=1/2*[x y]*A*[x;y]-b'*[x;y];
x=[-3:0.5:3];
y=[-3:0.5:1]';
z=- 2.*x + 8.*y  + x.*(y + (3.*x)./2) + y.*(3.*y + x);
figure(1)% graficas de los errores
[sol_g,kg,vect_sol]= gradiente(A,b,x0,Nmax,Tol);
[sol_gc,kgc,vect_sol2]=gradiente_conjugado(A,b,x0,Tol,Nmax);
figure(2)
s=vect_sol;
```

```
s2=vect_sol2;
% figura 2: las soluciones del gradiente (rojo)
plot(s(:,1),s(:,2),'*-r')
xlabel('X1')
ylabel('X2')
hold on
plot(s2(:,1),s2(:,2),'o-g')
contour(x,y,z,50)
% figura 2: las soluciones del gradiente conjugado (verde)
[px,py] = gradient(z);
quiver(x,y,px,py)
```

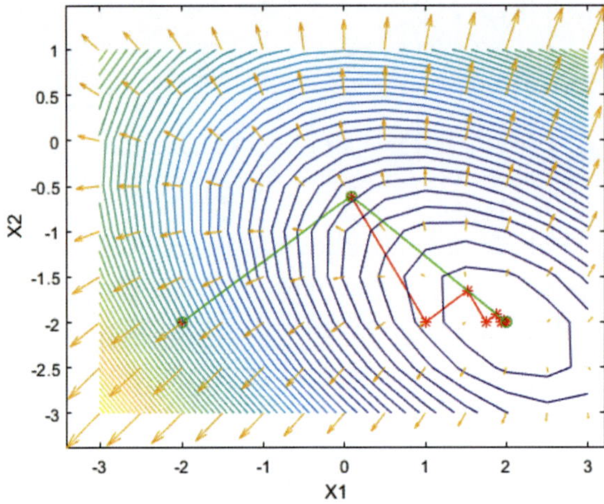

Figura 9.1: Soluciones obtenidas con los métodos de gradiente (rojo) y gradiente conjugado (verde)

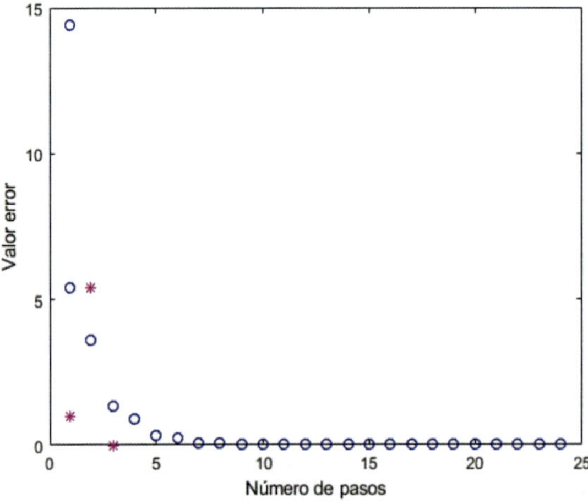

Figura 9.2: Errores de predicción con gradiente (azul) y gradiente conjugado (magenta)

9.3. Método del Gradiente Conjugado Precondicionado

La convergencia del método de gradiente conjugado, y su precisión, dependen del número de condición de la matriz A. Si $\kappa(A)$ es muy grande, una forma de mejorar el numero de condición es precondicionar la matriz A

$$A\mathbf{x} = \mathbf{b} \iff (C^{-1}AC^{-T})C^T\mathbf{x} = C^{-1}\mathbf{b}$$

donde C es una matriz no singular.
Dado que el método del gradiente conjugado se aplica a los sistemas lineales simétricos y definidos positivos, se utilizarán algunos precondicionadores para matrices simétricas:

- $C = diag(A)^{-1}$ ó $C = diag(A)^{-1/2}$, donde $diag(A)$ es la matriz diagonal formada por los elementos $a_{11}, a_{22}, \ldots, a_{nn}$.
- precondicionador de Gauss-Seidel simetrizado. Dadas las matrices L triangular inferior con ceros en la diagonal, D diagonal y U triangular superior con ceros en la diagonal tales que $A = L + D + U$, se define
$$M = (L + D)D - 1(D + U)$$
Como A es simétrica, entonces $U = L^T$ y, por tanto, M es simétrica.

9.4. Ejercicios

Ejercicio 15. *Teniendo en cuenta que*

$$\mathbf{r}_k = \mathbf{r}_{k-1} - \alpha_{k-1}A\mathbf{r}_{k-1}$$

modificar el algoritmo del gradiente y programar una versión mejorada.

Ejercicio 16. *Se considera el sistema $A\mathbf{x} = \mathbf{b}$ siendo $n = 3600$ la dimensión de A, definida como sigue: los elementos de la diagonal principal son iguales a $4h$, con $h = 1/n$. Los elementos en las diagonales $1, -1, 60, -60$ son iguales a $-h$. El vector **b** tiene todos los elementos iguales a 1.*

a) Escribir la matriz del sistema de forma sparse.

*b) Resolver el sistema, con los métodos del gradiente y gradiente conjugado, utilizando como tolerancia el número de máquina **eps**[1], un número máximo de iteraciones $kmax = 2000$ y como vector inicial el vector nulo.*

c) Calcular el condicionamiento de la matriz A. Contestar si es oportuno un precondicionamiento del sistema a la vista del resultado.

d) Calcular el residuo final al cabo de las 2000 iteraciones, y su norma infinito, para ambos métodos.

Ejercicio 17. *Se considera la matriz A de dimensión n, definida como sigue: los elementos de la diagonal principal son iguales a 4, los elementos situados en las diagonales $-1, 1$ son iguales a 1 y los elementos situados en las diagonales $-2, 2$ son iguales a 2.*

*a) Haciendo uso de las funciones **gradiente.m** y **gradienteconjugado.m**, resolver el sistema $A\mathbf{x} = \mathbf{b}$ para $n = 5, 6, 7, \ldots, 20$. Utilizar el comando `sparse`, una tolerancia de 10^{-6} y un número máximo de 5000 iteraciones y considerar que el vector **b** tiene todos los elementos iguales a 1.*

[1] Se define como el número más pequeño ε tal que $1 + \varepsilon$ es mayor que 1 en la aritmética de punto flotante

b) Representar en escala logarítmica el número de iteraciones en función de la dimensión del sistema.

c) Representar gráficamente el número de condición de la matriz en función de la dimensión del sistema.

d) Utilizando la función ***gradienteconjugado.m****, resolver el sistema* $A\mathbf{x} = \mathbf{b}$ *para* $n = 5, 6, 7, \ldots, 20$ *y un número máximo de* 5000 *iteraciones, con una tolerancia de* 10^{-6}.

Práctica 6: Problemas no lineales

Se considera el operador **A no lineal**

$$\mathbf{A} : \mathbb{R}^n \longrightarrow \mathbb{R}^m,$$

$$\mathbf{A}(\mathbf{x}) = (\mathbf{A}_1(\mathbf{x}), ..., \mathbf{A}_m(\mathbf{x})),$$

siendo $\mathbf{A}_i : \mathbb{R}^n \longrightarrow \mathbb{R}, \forall i = 1, ..., m,$ los campos escalares componentes que definen **A**.
La no linealidad implica que cada componente de **A** no depende linealmente de **x**, es decir, $\mathbf{A}_i(\mathbf{x}) \neq a_{i1}x_1 + ... + a_{in}x_n$, cuya interpretación geométrica es que $\mathbf{A}_i(\mathbf{x}) = 0$ no representa un hiperplano de $\mathbb{R}^n$.

10.1. Linealización de los problemas no lineales: Métodos iterativos

La manera más sencilla de resolver este tipo de problemas es la linealización del sistema

$$\mathbf{A}(\mathbf{x}) = \mathbf{b}$$

Se parte de un modelo inicial o *semilla* $\mathbf{x}_0 \in \mathbb{R}^n$, que no predice la solución, por lo que $\mathbf{A}(\mathbf{x}_0) \neq \mathbf{b}$.
El error que genera este modelo inicial es

$$\mathbf{r}(\mathbf{x}_0) = \mathbf{A}(\mathbf{x}_0) - \mathbf{b}.$$

Los métodos iterativos que se presentan a continuación intentan mejorar esta predicción.
Por truncamiento del desarrollo de Taylor del campo vectorial $\mathbf{A}(\mathbf{x}_0)$ se obtiene el *problema lineal*

$$\boxed{\mathbf{A}(\mathbf{x}_0) + J_A(\mathbf{x}_0)(\mathbf{x} - \mathbf{x}_0) = \mathbf{b}} \tag{10.1}$$

que utilizarán los métodos iterativos presentados a continuación.

10.1.1. El método CREEPING

Denotando por $\triangle\mathbf{x} = \mathbf{x} - \mathbf{x}_0$, el sistema (10.1) queda como sigue

$$\underbrace{J_A(\mathbf{x}_0)}_{matriz\ sistema} \overbrace{\triangle\mathbf{x}}^{incógnita} = \underbrace{\mathbf{b} - \mathbf{A}(\mathbf{x}_0)}_{término\ independiente} \tag{10.2}$$

cuya incógnita es el vector incremento $\triangle\mathbf{x}$, y donde $\mathbf{b} - \mathbf{A}(\mathbf{x}_0)$ representa el error de predicción del modelo inicial $\mathbf{r}(\mathbf{x}_0)$. El algoritmo consta de los siguientes pasos:

- Se calcula la solución aproximada del sistema (10.2) aplicando la matriz pseudoinversa:

$$\triangle \mathbf{x}^{\dagger} = J_A^{\dagger}(\mathbf{x}_0) \cdot \mathbf{r}(\mathbf{x}_0)$$

- Se actualiza el vector solución:

$$\mathbf{x}_1 = \mathbf{x}_0 + \triangle \mathbf{x}^{\dagger}.$$

- Se calcula el error de predicción:

$$err = \|\mathbf{r}(\mathbf{x}_1)\| = \|\mathbf{b} - \mathbf{A}(\mathbf{x}_1)\|$$

- **Condiciones de parada**: se comprueba si
  - el error es menor que un umbral dado ε, $err < \varepsilon$ en cuyo caso $\mathbf{x}_1$ es la solución buscada
  - se ha llegado al número máximo de iteraciones.

  Si ninguna de estas condiciones se verifica, se sigue iterando hasta que se cumpla alguna de ellas.

Algorithm 3 Algoritmo Creeping

Input: $A(\mathbf{x}_0)$, $\mathbf{b}$, N_{max}, Tol, $\mathbf{x}_0$ ▷ Semilla
Output: **sol**, N
  $\mathbf{r}(\mathbf{x}_0) = \mathbf{b} - A(\mathbf{x}_0)$
  $err = norm(\mathbf{r}(\mathbf{x}_0))$ ▷ Error de predicción inicial
  $N = 1$ ▷ Inicializar contador de pasos
  while $N \leq N_{max}$ **and** $err \geq Tol$ **do**
    $\triangle \mathbf{x}^{+} = J_A^{+}(\mathbf{x}_0)\mathbf{r}(\mathbf{x}_0)$ ▷ incremento de la solución
    $\mathbf{x}_1 = \mathbf{x}_0 + \triangle \mathbf{x}$
    $\mathbf{x}_0 \leftarrow \mathbf{x}_1$ ▷ Actualizar la solución
    $\mathbf{r}(\mathbf{x}_0) = \mathbf{b} - A(\mathbf{x}_0)$
    $err = norm(\mathbf{r}(\mathbf{x}_0))$
    $N \leftarrow N + 1$ ▷ Actualizar N
  end while
  sol $= \mathbf{x}_0$

Ejemplo 33. *Resolver el siguiente problema no lineal*

$$\left\{ \begin{array}{rcr} x^2 - 2y^2 & = & -1 \\ 2xy & = & 2 \\ x + y & = & 2 \end{array} \right.$$

Aplicar la estrategia de linealización mediante el método iterativo creeping, utilizando la semilla $\mathbf{x}_0 = (-1, 0)$. *Dar el error y el número de pasos.*

Inicialización del proceso

```
A=[x^2-2*y^2,2*x*y,x+y].';b=[-1 2 2].';x0=[-1,0].';
[m,n]=size(A);
Nmax=100;% nr máx de iteraciones
J = jacobian(A, [x,y]);
JA=matlabFunction(J);% handle function
A=matlabFunction(A);
E=b-A(x0(1),x0(2));% Error de predicción inicial
```

```
Tol=1e-7;%
N=1;% inicializar nr pasos
err=1;% inicializar rms
fprintf(' n  |  err    |  sol(1) | sol(2)  \n ')
fprintf('----+--------+---------+---------\n')
fprintf(' %2i | %4.4f | %4.4f   | %4.4f    \n',N,err,x0(1),x0(2))
```

Creeping

```
while err>=Tol && N<Nmax %una de estados condiciones
plot(x0(1),x0(2),'bo'),hold on
% JA(x0)*deltax=E(x0) --> sist lin
deltax=pinv(JA(x0(1),x0(2)))*E;
x1=x0+deltax;% incrementar la sol
x0=x1;% actualizar
E=b-A(x0(1),x0(2));% Error
err=norm(E)/sqrt(m);
N=N+1;
fprintf(' %2i | %4.4f | %4.4f   | %4.4f    \n',N,err,x0(1),x0(2))
end
plot(x0(1),x0(2),'m*')
```

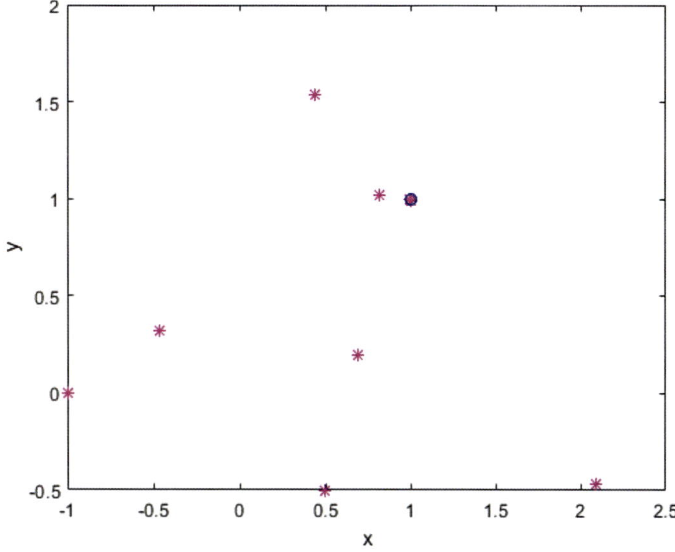

Figura 10.1: Soluciones obtenidas con el método creeping. El algoritmo converge en 10 pasos a la solución final $\mathbf{x} = (1, 1)$ (azul)

10.1.2. El método JUMPING

En este caso se despeja $J_A(\mathbf{x}_0)\mathbf{x}$ en la ecuación (10.1) y se obtiene el sistema lineal que se debe resolver

$$\underbrace{J_A(\mathbf{x}_0)}_{matriz\ sistema} \overbrace{\mathbf{x}}^{incógnita} = \underbrace{\mathbf{b} - \mathbf{A}(\mathbf{x}_0) + J_A(\mathbf{x}_0)\mathbf{x}_0}_{término\ independiente} \tag{10.3}$$

Utilizando el error de predicción del modelo $\mathbf{r}(\mathbf{x}_0) = \mathbf{b} - \mathbf{A}(\mathbf{x}_0)$, el sistema (10.3) se escribe:

$$J_A(\mathbf{x}_0)\mathbf{x} = \mathbf{r}(\mathbf{x}_0) + J_A(\mathbf{x}_0)\mathbf{x}_0 \tag{10.4}$$

Multiplicando (10.4) por la matriz pseudoinversa de la matriz del sistema, se obtiene la solución aproximada:

$$\mathbf{x}^{\dagger} = J_A^{\dagger}(\mathbf{x}_0) \cdot (\mathbf{r}(\mathbf{x}_0) + J_A(\mathbf{x}_0)\mathbf{x}_0)$$

A continuación se itera hasta que se cumpla alguna de las condiciones de parada.

Algorithm 4 Algoritmo Jumping

Input: $\mathbf{x}_0$, $A(\mathbf{x}_0)$, $\mathbf{b}$, N_{max}, Tol
Output: **sol**, N
  $\mathbf{r}(x_0) = \mathbf{b} - A(\mathbf{x}_0)$
  $err = norm(\mathbf{r}(\mathbf{x}_0))$ ▷ Error de predicción inicial
  while $N \leq N_{max}$ **and** $err \geq Tol$ **do**
    $\mathbf{x}^+ = J_A^+(\mathbf{x}_0)(\mathbf{r}(x_0) + J_A(\mathbf{x}_0))$ ▷ la solución
    $\mathbf{x}_0 \leftarrow \mathbf{x}^+$ ▷ Actualizar la solución
    $\mathbf{r}(x_0) = \mathbf{b} - A(\mathbf{x}_0)$
    $err = norm(\mathbf{r}(\mathbf{x}_0))$ ▷ Actualizar el error
    $N \leftarrow N + 1$ ▷ Actualizar N
  end while
  sol $= \mathbf{x}_0$

Se observa que si $J_A^{\dagger}(\mathbf{x}_0)J_{\mathbf{A}}(\mathbf{x}_0) = I_n$, entonces esta solución es idéntica a la obtenida por el método Creeping, aunque en la práctica no suele ocurrir esto.

Ejemplo 34. *Calcular una solución aproximada por los métodos de creeping y jumping para el siguiente problema no lineal:*

$$\begin{cases} x^2 + y^2 - z^2 = 1 \\ xz^2 + y = 6 \\ xy + y^3 - z^2 = 6 \end{cases}$$

partiendo de una semilla $\mathbf{x}_0 = (0, 1, 1)$.

```
A=[x^2+y^2-z^2,x*z^2+y,x*y+y^3-z^2].';b=[1 6 0].';x0=[0,1,1].';
Tol=1e-5;%
N=1;% inicializar nr pasos
J = jacobian(A, [x,y,z]);
JA=matlabFunction(J);% handle function
A=matlabFunction(A);
E=b-A(x0(1),x0(2),x0(3)); err=norm(E);% Error de predicción
%% CREEPING:
fprintf(' n  |  err  | sol(1) | sol(2) | sol(3) \n ')
fprintf('----+--------+---------+---------+---------\n')
fprintf(' %2i | %4.4f | %4.4f | %4.4f | %4.4f \n',N,err,x0(1),x0(2),x0(3))
while err>=Tol &&N <100
      figure(1),plot3(x0(1),x0(2),x0(3),'bo'),hold on
      figure(2),plot(N,err,'m*'), hold on
      % Sistema Lineal: JA(x0)*deltax=E(x0)
      deltax=pinv(JA(x0(1),x0(2),x0(3)))*E;
```

```
        x1=x0+deltax;
        x0=x1;
        E=b-A(x0(1),x0(2),x0(3));% Error
        err=norm(E);
        N=N+1;
        fprintf(' %2i| %4.4f| %4.4f| %4.4f| %4.4f\n',N,err,x0(1),x0(2),x0(3))
end
err_CREEPING=err;
figure(1),plot3(x0(1),x0(2),x0(3),'r-o')
figure(2),plot(N,err,'m*')
%% JUMPING
x0=[0,1,1].';
E=b-A(x0(1),x0(2),x0(3));err=norm(E);% Error de predicción
N=1;% inicializar nr pasos
fprintf(' n |  err | sol(1) | sol(2) | sol(3)\n ')
fprintf('----+--------+---------+---------\n')
fprintf(' %2i | %4.4f | %4.4f | %4.4f | %4.4f \n',N,err,x0(1),x0(2),x0(3))
while err>=Tol && N<100
        figure(1),plot3(x0(1),x0(2),x0(3),'m-*')
        %text(x0(1),x0(2),x0(3),num2str(N))
        figure(2),plot(N,err,'bo'), hold on
        % Sistema Lineal: JA(x0)*x=E(x0)+JA(x0)*x0
        x1=pinv(JA(x0(1),x0(2),x0(3)))*(E+JA(x0(1),x0(2),x0(3))*x0);
        x0=x1;
        E=b-A(x0(1),x0(2),x0(3));% Error
        err=norm(E);
        N=N+1;
        fprintf(' %2i | %4.4f| %4.4f| %4.4f\n',N,err,x0(1),x0(2))
end
figure(1),plot3(x0(1),x0(2),x0(3),'g-o')
xlim([0 3])
ylim([1 2])
zlim([1 2.5])
figure(2),plot(N,err,'bo')
```

10.2. Ejercicios

Ejercicio 18. *Se considera el campo vectorial no lineal*

$$\boldsymbol{F}\colon \mathbb{R}^2 \longrightarrow \mathbb{R}^3, \quad \boldsymbol{F}(x,y) = \left(x^2+y^2, xy, y\right).$$

Resolver el problema no lineal $\boldsymbol{F}(x,y)=\boldsymbol{b}$*, para* $\boldsymbol{b}=(1,1,1)$ *y la semilla* $(1,1)$*. Analizar también el caso* $\boldsymbol{b}=(2,1,1)$ *cuando se parte de la semilla* $(0,0)$*.*

Ejercicio 19. *Se considera el campo vectorial no lineal*

$$\boldsymbol{F}\colon \mathbb{R}^2 \longrightarrow \mathbb{R}^4, \quad \boldsymbol{F}(x,y) = \left(2x^2-3y^2, x^2+xy, x-y, y\right).$$

Resolver el problema no lineal $\boldsymbol{F}(x,y)=\boldsymbol{b}$*, donde* $\boldsymbol{b}=(1,1,1,0)$*. Aplicar la estrategia de linealización mediante los métodos iterativos creeping y jumping, empezando en el punto*

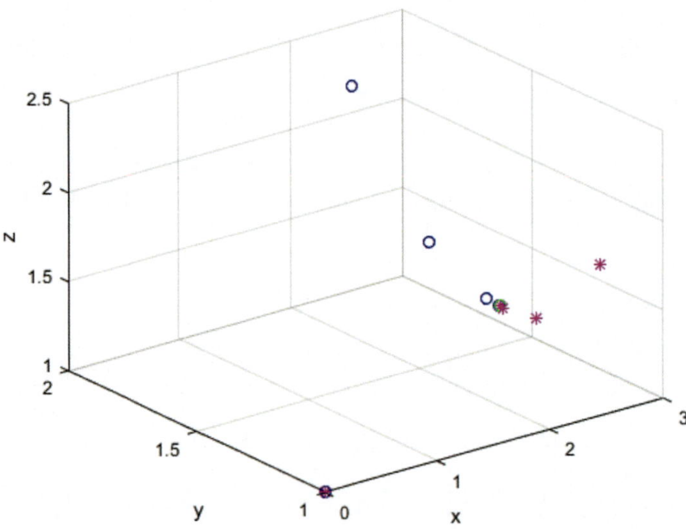

Figura 10.2: Soluciones obtenidas con el método creeping (azul) y jumping (magenta) en 6 pasos

$\mathbf{x}_0 = (-1, 2)$. *Dar el error y el número de pasos. Resolver también para* $\mathbf{b} = (-1, 2, 0, -1)$, *con la semilla* $(0, 0)$.

Ejercicio 20. *Aplicar el método creeping para el campo vectorial no lineal*

$$\mathbf{F} : \mathbb{R}^3 \longrightarrow \mathbb{R}^3, \quad \mathbf{F}(x, y, z) = \left(x^2 + y^2 - z^2, xz^2 + y, xy + y^3 - z^2\right)$$

Resolver el problema no lineal $\mathbf{F}(x, y, z) = \mathbf{b}$, *para* $\mathbf{b} = (1, 6, 0)$ *y el punto inicial* $\mathbf{x}_0 = (0, 1, 1)$.

Ejercicio 21. *Resolver el ejercicio anterior por el método jumping y comparar los resultados gráficamente y calcular el error obtenido en cada iteración.*

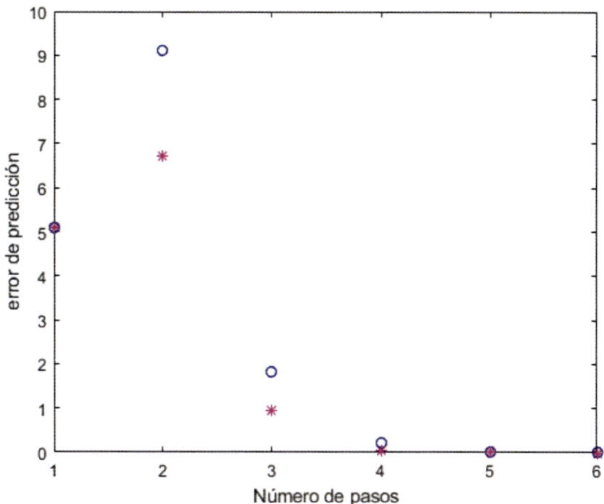

Figura 10.3: Errores de los métodos creeping (azul) y jumping (magenta)

Práctica 7: Diferencias finitas

El método de diferencias finitas es una técnica numérica utilizada para aproximar soluciones de ecuaciones diferenciales mediante la discretización del dominio de la ecuación en puntos igualmente espaciados o no, denominados nodos o puntos de malla. Se calcula una aproximación de la solución en cada nodo utilizando diferencias finitas de las derivadas de la función.

11.1. Caso Unidimensional

Existen varios tipos de esquemas de diferencias finitas:

- Diferencias progresivas (forward)

$$f'(x_i) \approx \frac{f(x_{i+1}) - f(x_i)}{h}, \quad \text{donde } h = x_{i+1} - x_i \text{ es el paso.}$$

- Diferencias regresivas (backward)

$$f'(x_i) \approx \frac{f(x_i) - f(x_{i-1})}{h}$$

- Diferencias centradas (centered)

$$f'(x_i) \approx \frac{f(x_{i+1}) - f(x_{i-1})}{2h}$$

Ejemplo 35. *Aproximar la solución de la siguiente ecuación diferencial:*

$$\frac{dy}{dx} = -y,$$

con la condición inicial $y(0) = 1$.

- **Discretización del dominio**

  Se divide el dominio $[0, 1]$ en n puntos igualmente espaciados denotando por $h = 1/n$ al tamaño del paso, y por $x_0 = 0$, $x_1 = h$, $x_2 = 2h$, ..., $x_{n-1} = (n-1)h$, $x_n = 1$ a los nodos.

```
n = 10;% nr de puntos
h = 1/n;% paso
x = linspace(0, 1, n+1);% Discretización intervalo
y = zeros(1,n+1);% Inicialización del vector solución
```

```
y(1) = 1;% condición inicial
```

- **Aproximación de la derivada** en cada punto mediante el esquema de diferencia hacia adelante:

$$\frac{dy}{dx} \approx \frac{y(x_{i+1}) - y(x_i)}{h}$$

- **Construcción de un sistema lineal** sustituyendo las derivadas de la ecuación diferencial original por sus aproximaciones:

$$\frac{y(x_{i+1}) - y(x_i)}{h} = -y(x_i) \quad \Longrightarrow \quad y(x_{i+1}) = y(x_i) - hy(x_i), \quad i = 1, \cdots n$$

Usando esta fórmula de recurrencia, se pueden calcular los valores de y en cada punto de la malla.

```
% Valores de y en cada punto de la malla
for i =1:n
y(i+1) = y(i) - h*y(i);
end
sol=exp(-x);% solución analítica
err=norm(sol-y)/norm(sol)*100;
plot(x,y,'*m'), hold on
plot(x,exp(-x),'ob') % representacion de la solución analítica
legend('sol analítica','sol aprox')
```

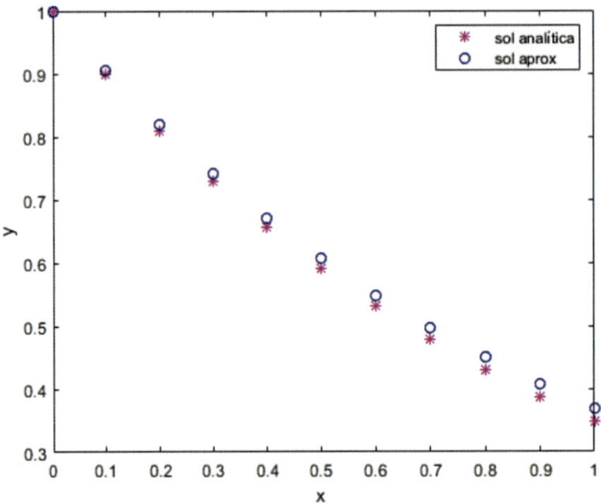

Figura 11.1: Gráficas de la solución analítica y aproximada mediante diferencias finitas

En este caso se conoce la solución analítica $y_{sol} = e^{-x}$, por tanto se puede estimar el error obtenido: $err = \frac{\|y_{sol}-y\|}{\|y_{sol}\|}100$, y se observa que éste disminuye si n aumenta.

Ejemplo 36. *Resolver la ecuación de enfriamiento de una barra, mediante diferencias finitas, considerando que su longitud es $L = 1\ m$, la temperatura ambiente es $T_a = 0\ K$, la constante de enfriamiento es $k = 1\ s^{-1}$ y el tiempo total transcurrido $t_{max} = 100\ s$.*
Para discretizar el tiempo, se utilizará un paso de tiempo $\delta_t = 0.1s$ y para discretizar el espacio se utilizará un paso espacial $h = 0.01m$.

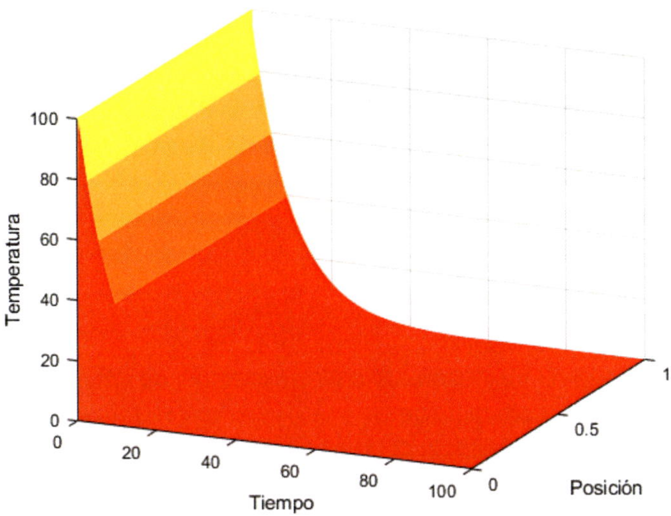

Figura 11.2: Distribución de temperaturas en la barra en función del tiempo

Tal y como se ha explicado en la sección 4.2.4, la ecuación discretizada que debe resolverse es:

$$T(x_i, y_{j+1}) = T(x_i, y_j) - \delta_t T(x_i, y_j), \quad i = 1, \ldots, n_x, \quad j = 2, \ldots, n_t$$

siendo $n_x = \frac{L}{h} = 100$ y $n_t = \frac{t_{max}}{\delta_t} = 1000.$

```
L = 1; % Longitud del objeto
tmax = 100; % Tiempo total
delta_x = 0.01; % Paso de posición
delta_t = 0.1; % Paso de tiempo
k = 0.1; % Constante de enfriamiento
T0 = 0; % Temperatura ambiente
% Definir condiciones iniciales
nx = L/delta_x; % Número de pasos de posición
nt = tmax/delta_t; % Número de pasos de tiempo
Tp = zeros(nx, nt); % Matriz para almacenar la temperatura
Tp(:,1) = 100; % Temperatura inicial en el objeto

%Iterar sobre el tiempo y la posición
for j = 1:nt-1
        for i = 2:nx-1
            Tp(i,j+1) = Tp(i,j) - k*delta_t*(Tp(i,j)-T0);
    end
end
```

```
%Graficar la solución
x = linspace(0,L,nx);
t = linspace(0,tmax,nt);
[X,T] = meshgrid(t,x);
```

```
s=surf(X,T,Tp);
colormap(autumn(5))
xlabel('Tiempo')
ylabel('Posición')
zlabel('Temperatura')
s.EdgeColor = 'none';% ocultar contornos
```

11.2. Caso Bidimensional

11.2.1. De primer orden

Ejemplo 37. *Una varilla aislada térmicamente en los extremos, de longitud $L = 1m$, se encuentra sometida a una fuente de calor constante de $Q_v = 10W/m^3$ en su punto medio. La temperatura en los extremos es $T_a = T_b = 0K$ y la conductividad térmica es $\alpha = 1m^2/s$. Calcular la distribución estacionaria de temperaturas en la varilla.*

Definir parámetros

```
L = 1;            % longitud de la varilla
n = 100;          % número de nodos
k = 1;            % difusividad térmica

pos = round(n/2);   % posición de la fuente de calor
q = 10;             % potencia de la fuente de calor
```

El sistema lineal

```
% Matriz del sistema y término independiente
A = zeros(n,n);
b = zeros(n,1);
dx = L/(n-1);   % tamaño del intervalo espacial

for i=1:n
    if i == 1
       A(i,i) = 1;
       b(i) = 0;
    elseif i == n
       A(i,i) = 1;
       b(i) = 0;
    elseif i == pos
       A(i,i-1) = -k/dx^2;
       A(i,i) = (2*k/dx^2) + q/k;
       A(i,i+1) = -k/dx^2;
       b(i) = q;
    else
       A(i,i-1) = -k/dx^2;
       A(i,i) = (2*k/dx^2);
       A(i,i+1) = -k/dx^2;
       b(i) = 0;
    end
```

```
end
% Solución del sistema
T = A\b;
```

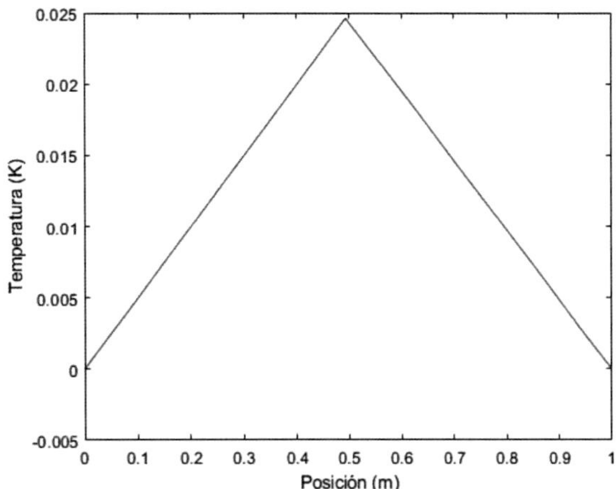

Figura 11.3: Distribución estacionaria de la temperatura en una barra con fuente de calor en su centro

```
% Representación gráfica de la temperatura
x = linspace(0,L,n);
plot(x,T);
xlabel('Posición (m)');
ylabel('Temperatura (K)' )
```

En este caso, se observa que hay un pico de temperatura en el centro de la barra, debido a la fuente de calor situada en ese punto (ver figura(11.3)).

11.2.2. De segundo orden

Se quiere aproximar la derivada parcial de segundo orden con respecto a x de una función $f(x, y)$ en un punto (x_i, y_j) de una malla cuadrada bidimensional con espaciado uniforme h en ambas direcciones. La aproximación por diferencias finitas centradas para la segunda derivada en x es:

$$\frac{\partial^2 f}{\partial x^2}(x_i, y_j) \approx \frac{f(x_{i-1}, y_j) - 2f(x_i, y_j) + f(x_{i+1}, y_j)}{h^2} \tag{11.1}$$

De manera similar, la aproximación por diferencias finitas centradas para la segunda derivada en y es:

$$\frac{\partial^2 f}{\partial y^2}(x_i, y_j) \approx \frac{f(x_i, y_{j-1}) - 2f(x_i, y_j) + f(x_i, y_{j+1})}{h^2} \tag{11.2}$$

En consecuencia, una aproximación por diferencias finitas centradas para el laplaciano de f en (x_i, y_j):

$$\nabla^2 f(x_i, y_j) = \frac{\partial^2 f}{\partial x^2}(x_i, y_j) + \frac{\partial^2 f}{\partial y^2}(x_i, y_j)$$

$$\nabla^2 f(x_i, y_j) \approx \frac{f(x_{i-1}, y_j) + f(x_{i+1}, y_j) + f(x_i, y_{j-1}) + f(x_i, y_{j+1}) - 4f(x_i, y_j)}{h^2} \tag{11.3}$$

Ejemplo 38. *Calcular la temperatura en una placa delgada rectangular de dimensiones $a = 4m$ en la dirección horizontal y $b = 3m$ en la dirección vertical. La placa está aislada térmicamente y las temperaturas en los bordes son:*

- *Borde derecho $u_a = 50^oC$*
- *Borde superior $u_b = 60^oC$*
- *Borde inferior $u_c = 40^oC$*
- *Borde izquierdo $u_d = 70^oC$*

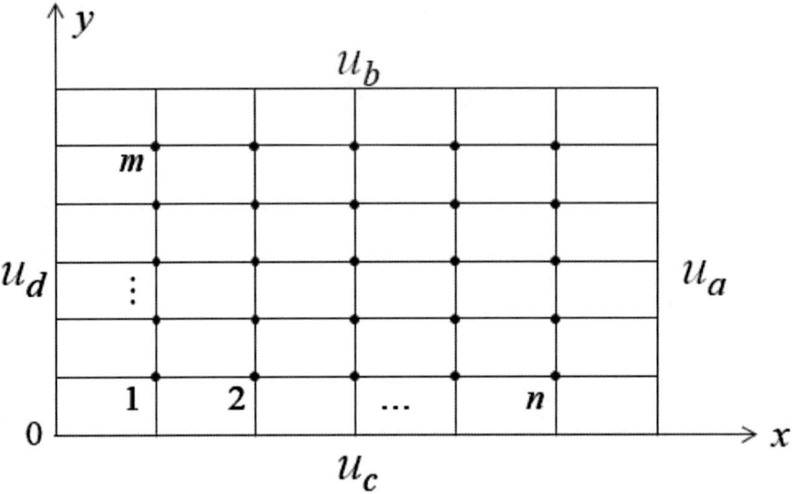

Figura 11.4: Mallado de una placa rectangular para el cálculo de la temperatura en los nodos interiores

- **Descripción del problema** El problema que se plantea es el siguiente:

$$\frac{\partial^2 u}{\partial x^2} + \frac{\partial^2 u}{\partial y^2} = 0$$

con las condiciones de contorno

$$u(x, 0) = u_c; \quad u(0, y) = u_d; \quad u(a, y) = u_a; \quad u(x, b) = u_b;$$

- **Discretización del dominio**

Para discretizar el dominio se hace un mallado con n nodos interiores en la dirección x y m nodos interiores en la dirección y. Por tanto, en la dirección x hay un total de $n + 2$ nodos, y en la dirección y de $m + 2$.

```
a=4;b=3;% dimensiones placa
ua=50; ub=60; uc=40; ud=70;% cond contorno
h=0.05;% paso en Ox y en Oy
[x,y]=meshgrid(0:h:a,0:h:b);
m=size(x,1)-2;n=size(x,2)-2;% número de divisiones en Ox y Oy
```

- **Condiciones de contorno del problema**

```
u(1:m+2,1)=ud;
u(1:m+2,n+2)=ua;
u(1,1:n+2)=uc;
u(m+2,1:n+2)=ub;
```

- **Temperatura inicial a los nodos interiores de la malla**

  Se asigna una temperatura inicial a los nodos interiores de la malla, que puede ser el promedio de las de los bordes

$$p = \frac{ua + ub + uc + ud}{4}$$

```
p=(ua+ub+uc+ud)/4; % temp. inicial en los nodos interiores
u(2:n+1,2:m+1)=p;
```

- **Aproximación de las derivadas**

  Se aproximan las derivadas utilizando el esquema de los cinco puntos y se obtiene el sistema lineal

$$\nabla^2 u(i,j) = \frac{1}{h^2}(u(i-1,j) + u(i+1,j) + u(i,j+1) + u(i,j-1) - 4u(i,j))$$

  En este caso $\nabla^2 u(i,j) = 0$, por tanto, anulando el numerador queda:

$$u(i,j) = \frac{u(i-1,j) + u(i+1,j) + u(i,j+1) + u(i,j-1)}{4}$$

  A continuación se presenta el código de Matlab para calcular la solución de este sistema lineal, es decir la temperatura final en los nodos interiores, considerando la condición de convergencia y el máximo número de iteraciones.

```
k=0;
maxiter=100;% nr. iteraciones
err=1;
tol=0.01;% tolerancia error
while k<maxiter && err>tol
      k=k+1;
      t=u;
      u(2:m+1,2:n+1)=(u(1:m,2:n+1)+u(3:m+2,2:n+1)+
      u(2:m+1,3:n+2)+u(2:m+1,1:n))/4;
      err=norm((u-t),inf)/norm(u,inf);
end
if k<maxiter
   fprintf('el método converge en %i pasos\n',k)
```

```
else
   disp('el método no converge')
end
```

El resultado obtenido se muestra en la figura 11.5

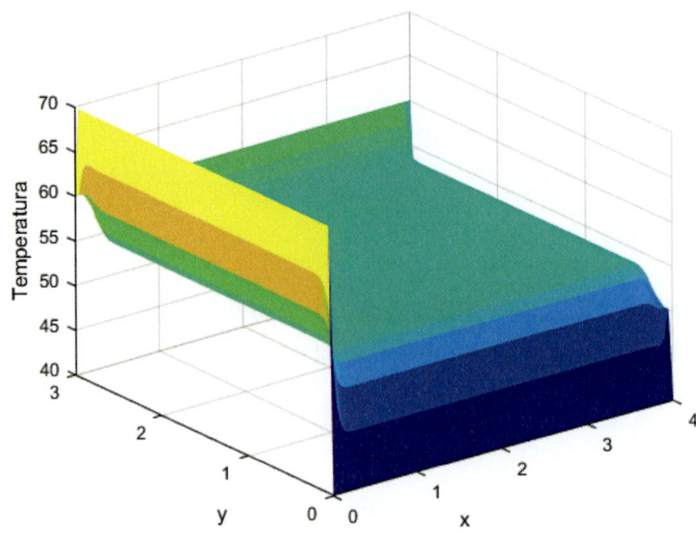

Figura 11.5: Distribución de la temperatura en la placa

```
% Gráfica temperatura:
surf(x,y,u);
shading flat
```

La órden $shading\ flat$ se utiliza para que la gráfica de la temperatura presente un aspecto suavizado cuando se utiliza un número pequeño de nodos.

Ejemplo 39. *Calcular la solución de la ecuación del calor en una placa bidimensional con una fuente de calor en un punto específico. La ecuación del calor en 2D es:*

$$\frac{\partial u}{\partial t} = \alpha \left(\frac{\partial^2 u}{\partial x^2} + \frac{\partial^2 u}{\partial y^2} \right) + Q(x,y)$$

donde $u(x,y,t)$ es la temperatura en un punto (x,y) de la placa en un tiempo t, α es la difusividad térmica del material, y $Q(x,y)$ es la fuente de calor en el punto (x,y).
Realizar un programa de Matlab para el caso de una placa cuadrada de aluminio de lado $1m$, con $\alpha = 9.71 \cdot 10^{-}5m^2/s$, una temperatura inicial de $200K$, y temperaturas en las fronteras de $420K$ en la inferior, $400K$ en la superior, $560K$ en la izquierda y $480K$ en la derecha. Considerando una fuente de calor $Q(0.5, 0.5) = 200K/s$, utilizar 100 puntos de malla en cada dirección y un paso de tiempo de $0.01s$, para un tiempo total de: a) $50s$; b) $500s$.

- **Discretizar el dominio**

  Definir las dimensiones de la placa y los parámetros de la ecuación

```
L = 1;% Lado de la placa
alpha = 9.71*10^-5;% Difusividad termica del aluminio
T = 50;% Tiempo total
dx = L / 100;% Paso espacial
dt = 0.01;% Paso temporal
Nx = L/dx;% Numero de puntos en x
Ny = L/dx;% Numero de puntos en y
Nt = T/dt;% Numero de puntos en t
[X,Y] = meshgrid(0:dx:L-dx, 0:dx:L-dx);
```

- **Condiciones de contorno, iniciales y fuente de calor**

```
% Inicializacion  la temperatura en la placa
u = 200*ones(Nx, Ny);% temperatura inicial placa (K)
% Condiciones de frontera
u(1,:) = 560;    % Izquierda
u(end,:) = 480;  % Derecha
u(:,1) = 420;   % Inferior
u(:,end) = 400;   % Superior
% Fuente de calor en (0.5, 0.5)
Q = zeros(Nx, Ny);
Q(round(0.5/dx)+1, round(0.5/dx)+1) = 200;
```

- **Aproximar las derivadas segundas**

```
for t = 1:Nt
    u_old = u;
    for i = 2:Nx-1
        for j = 2:Ny-1
            u(i,j) = u_old(i,j)+alpha*dt/dx^2*(u_old(i+1,j)-...
            2*u_old(i,j)+u_old(i-1,j))+alpha*dt/dx^2*(u_old(i,j+1)-...
            2*u_old(i,j)+u_old(i,j-1))+dt*Q(i,j);
        end
    end
end
% Gráfica
surf(X,Y,u');
xlabel('x');
ylabel('y');
zlabel('Temperatura');
title('Distribucion de la temperatura en la placa');
```

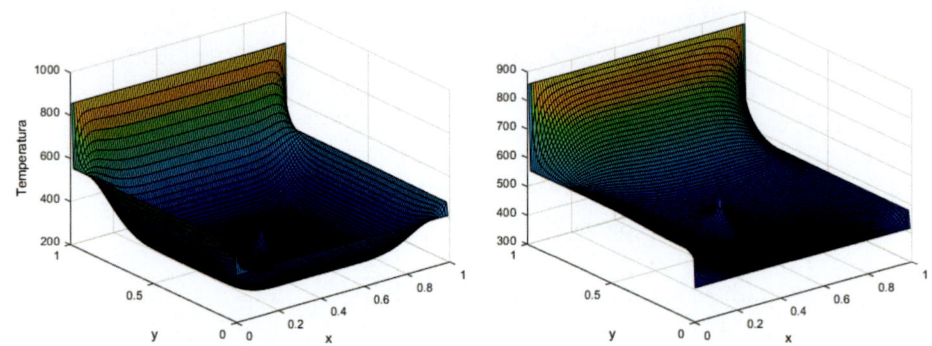

Figura 11.6: Distribución de temperatura en la placa después de $50s$ y $500s$ respectivamente.

11.3. Aplicaciones en Procesamiento de Imágenes

11.3.1. Detectar Bordes

En este caso la imagen se define como una función 2D:

$$f : R^2 \to R, \quad f(x, y) = z,$$

donde z es el valor de cada pixel.
Los bordes se corresponden con puntos donde hay un cambio brusco en la intensidad, es decir, un cambio brusco en los valores de z. Por tanto, la aproximación de la primera derivada mediante diferencias finitas se puede utilizar para detectar estos cambios.
Se puede trabajar con la siguiente aproximación de primer orden:

$$\frac{df}{dx} \approx \frac{f(i, j+1) - f(i, j)}{2}$$

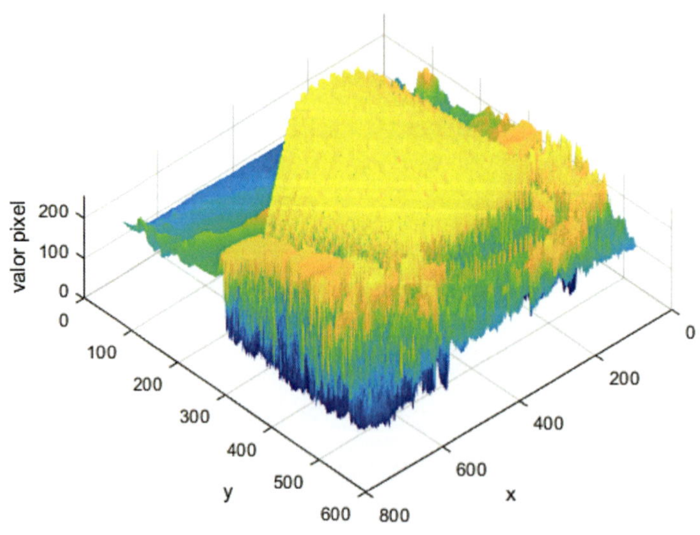

Figura 11.7: Función $f(x, y)$

```
% Leer y preprocesar la imagen
% disponible en https://hdl.handle.net/10651/70487
I=imread('Building3.jpg');
figure(1),subplot(2,2,1),imshow(I), hold on
I1=rgb2gray(I1);% un solo canal
[m,n]=size(I);
```

Gráfica 3D de la función f(x,y)=z

```
figure(2), [xx,yy]=meshgrid(1:n,1:m); % preparar la malla
zz=I; % los valores son los píxeles
s=surf(xx,yy,zz);% Rotar la grafica con el ratón
s.EdgeColor = 'none';% ocultar contornos
```

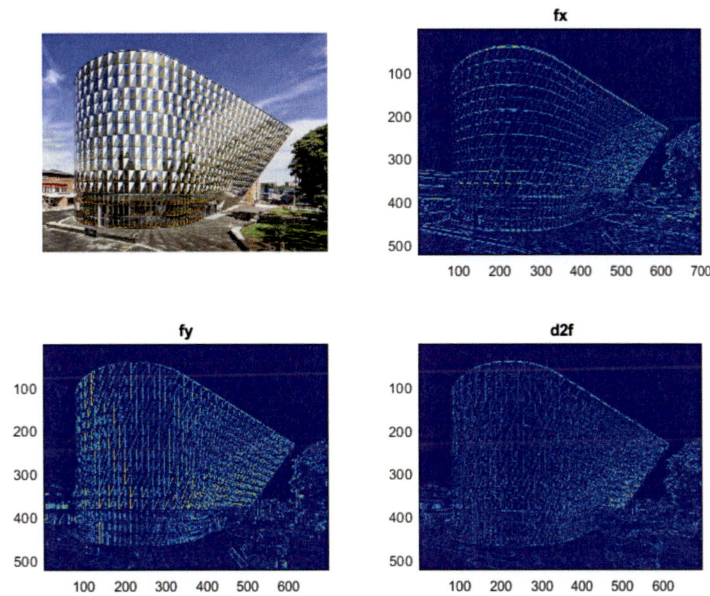

Figura 11.8: Detección de bordes aproximando la primera y segunda derivadas con diferencias finitas

Derivada 1ª

```
f=double(I);
% en la dirección x
% df_dx(i,j)=(f(i+1,j)-f(i-1,j))/2
df_dx(2:m-1,1:n)=(f(3:m,1:n)-f(1:m-2,1:n))/2;
% en la dirección y
% df_dx(i,j)=(f(i,j+1)-f(i,j-1))/2
df_dy(1:m,2:n-1)=(f(1:m,3:n)-f(1:m,1:n-2))/2;
figure(1), subplot(2,2,2), imagesc(abs(df_dx) )
subplot(2,2,3), imagesc(abs(df_dy) )
```

Derivada 2ª
En el caso de la imagen, el esquema de los 5 puntos (h=1) es equivalente al filtro de Laplace 2D:

$$Laplace2D = \begin{pmatrix} 0 & 1 & 0 \\ 1 & -4 & 1 \\ 0 & 1 & 0 \end{pmatrix}$$

```
d2f(2:m-1,2:n-1)=f(1:m-2,2:n-1)+f(3:m,2:n-1)+f(2:m-1,3:n)+
f(2:m-1,1:n-2)-4*f(2:m-1,2:n-1);
subplot(2,2,4), imagesc(abs(d2f))
```

11.3.2. Suavizar Bordes

En el procesamiento de imágenes, se puede utilizar la ecuación de difusión para suavizar una imagen $f(x, y)$ y eliminar el ruido, con lo que queda la ecuación

$$\frac{df}{dt} = D\nabla^2 f$$

donde ∇f es el operador Laplaciano de la imagen f, que mide la curvatura de la superficie de la imagen, y D es un coeficiente de difusión que controla la velocidad a la que se difunde la información.

- Se aproxima el Laplaciano de la imagen f utilizando diferencias finitas

  $$\nabla^2 f \approx f(i+1, j) - 2f(i, j) + f(i-1, j) + f(i, j+1) - 2f(i, j) + f(i, j-1)$$

  Esta aproximación se aplica a cada píxel de la imagen, obteniendo así una nueva imagen.

- Se discretiza en tiempo la ecuación de difusión utilizando diferencias finitas hacia adelante:

  $$(f(i, j, t+1) - f(i, j, t))/\delta_t \approx D\ Laplaciano(f(i, j, t))$$

- De la ecuación anterior se obtiene la imagen f en el siguiente paso de tiempo:

  $$f(i, j, t+1) \approx f(i, j, t) + D\ \delta_t\ Laplaciano(f(i, j, t))$$

- Se itera sobre los diferentes pasos de tiempo, suavizando la imagen en cada paso.

```
I = imread('Lena.jpg');% disponible en  https://hdl.handle.net/10651/70487
I = I(:,:,1);
subplot(1,2,1),imshow(I)
title('imagen original'),hold on
I = im2double(I);% formato numérico
[m,n]=size(I)
% Constantes del problema
D = 0.2;
delta_t = 1;% desplazamiento en el tiempo
```

Laplaciano de la imagen

```
% Se itera sobre los diferentes pasos de tiempo
for t=1:100
    % Cálculo del Laplaciano de la imagen
    lap=zeros(m,n);% inicializar laplaciano
    lap(2:m-1,2:n-1)=I(1:m-2,2:n-1)+I(3:m,2:n-1)+I(2:m-1,3:n)+
    I(2:m-1,1:n-2)-4*I(2:m-1,2:n-1);
    % Actualizar la imagen en el siguiente paso de tiempo
    I = I + D * delta_t * lap;
end
subplot(1,2,2),imshow(I)
title('imagen suavizada')
```

Figura 11.9: Suavizado de bordes de una imagen

11.4. Ejercicio propuesto

Ejercicio 22. *Resolver el problema de Poisson*

$$-\triangle u = f \text{ en } \Omega,$$
$$u = 0 \text{ en } \partial\Omega$$

con $f = -1$ *y* $\Omega = (-1,1) \times (-1,1) \setminus (0,1) \times (0,1)$*, utilizando diferencias finitas con paso* $h = \frac{1}{4}$.

En este caso el laplaciano del campo escalar $u : \mathbb{R}^n \to \mathbb{R}$ *es*

$$\Delta u = \sum_{i=1}^{n} \partial_{ii} u$$

el operador diferencial, que es igual a la suma de todas las segundas derivadas parciales no mixtas de u *dependientes de una variable.*

Discretización del dominio

Se malla la L-forma con 33 nodos interiores, elegido como tamaño de malla $h = \frac{1}{4}$, que es la distancia entre dos líneas consecutivas de la cuadrícula. En los puntos exteriores del dominio, la solución debe ser cero, como indica la condición de contorno.

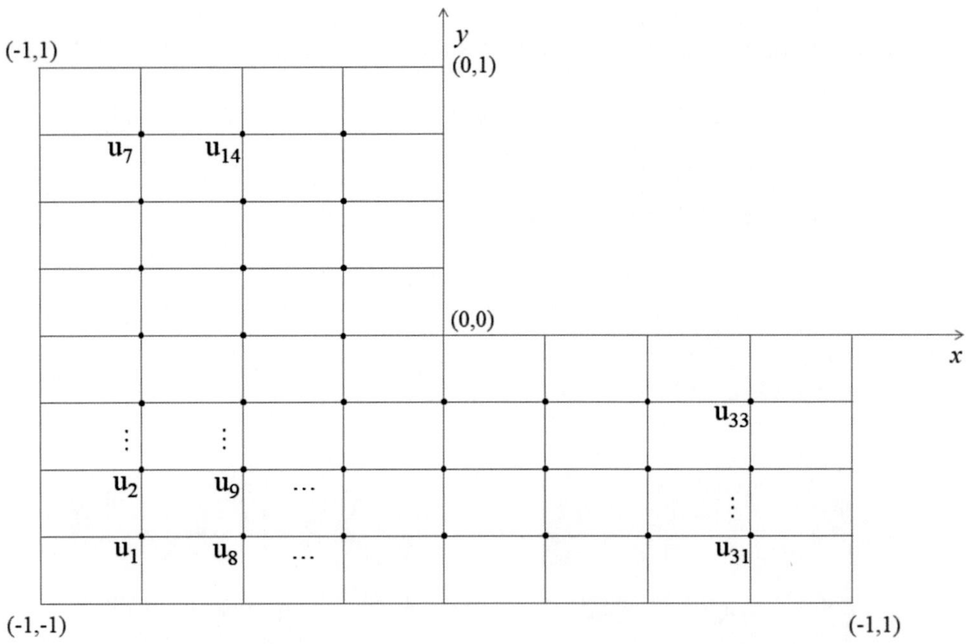

Figura 11.10: Malla de la L-forma

Aproximación de las derivadas

Se aplica la aproximación dada en (11.3) para u, y sustituyendo en el problema de Poisson se obtiene:

$$-\partial_{xx}u - \partial_{yy}u = f \text{ en } \Omega,$$
$$u = 0 \text{ en } \partial\Omega$$

que debe cumplirse en todo el dominio Ω y, en particular, en los puntos de la malla

$$-\partial_{xx}u_i - \partial_{yy}u_i = f_i, \quad i = 1, \ldots, 33, \quad (1)$$
$$u_i = u(x_i, y_i)$$
$$f_i = f(x_i, y_i)$$

Introduciendo las aproximaciones

$$\partial_{xx}u(x_i, y_i) = \frac{u(x_i + h, y_i) - 2u(x_i, y_i) + u(x_i - h, y_i)}{h^2},$$
$$\partial_{yy}u(x_i, y_i) = \frac{u(x_i, y_i + h) - 2u(x_i, y_i) + u(x_i, y_i - h)}{h^2}$$

en la ecuación (1), queda

$$\frac{1}{h^2}\left[-u(x_i + h, y_i) - u(x_i - h, y_i) + 4u(x_i, y_i) - u(x_i, y_i + h) - u(x_i, y_i - h)\right] = f_i \qquad (11.4)$$

Volviendo al dominio mallado, en cada nodo de la malla (desde el 1 al 33) se plantea la ecuación

(11.4), y se obtiene el sistema

$$
\begin{aligned}
\frac{1}{h^2}\left(-u_8+0+4u_1-u_2+0\right) &= f(-0.75,-0.75)=f_1\\
\frac{1}{h^2}\left(-u_9+0+4u_2-u_3-u_1\right) &= f(-0.75,-0.5)=f_2\\
\frac{1}{h^2}\left(-u_{10}+0+4u_3-u_4-u_2\right) &= f(-0.75,-0.25)=f_3\\
\frac{1}{h^2}\left(-u_{11}+0+4u_4-u_5-u_3\right) &= f(-0.75,0)=f_4\\
\frac{1}{h^2}\left(-u_{12}+0+4u_5-u_6-u_4\right) &= f(-0.75,0.25)=f_5\\
\frac{1}{h^2}\left(-u_{13}+0+4u_6-u_7-u_5\right) &= f(-0.75,0.5)=f_6\\
\frac{1}{h^2}\left(-u_{14}+0+4u_7+0-u_6\right) &= f(-0.75,0.75)=f_7\\
\frac{1}{h^2}\left(-u_{15}-u_1+4u_8-u_9+0\right) &= f(-0.5,-0.75)=f_8\\
\frac{1}{h^2}\left(-u_{16}-u_2+4u_9-u_{10}-u_8\right) &= f(-0.5,-0.5)=f_9\\
&\vdots
\end{aligned}
$$

que se puede expresar matricialmente como $A\mathbf{u}=\mathbf{f}$, donde A es la matriz de rigidez, **u** el vector de desplazamientos expresados a continuación:

$$
\frac{1}{h^2}
\left(\begin{array}{ccc|c|ccc|c|ccc|c|ccc}
4 & -1 & & & & -1 & & & & & & & & & \\
-1 & 4 & -1 & & & & -1 & & & & & & & & \\
 & -1 & 4 & & & & & & & & & & & & \\
\hline
 & & & & & & & & & & & & & & \\
\hline
-1 & & & & 4 & -1 & & & & & & & & & \\
 & -1 & & & -1 & 4 & -1 & & & & & & & & \\
 & & -1 & & & -1 & 4 & & & & & & & & \\
\hline
 & & & & & & & & & & & & & & \\
\hline
 & & & & & & & & & & & & -1 & & \\
 & & & & & & & & & & & & & -1 & \\
 & & & & & & & & & & & & & & -1 \\
\hline
 & & & & & & & & & & & & & & \\
\hline
 & & & & & & & & -1 & & & & 4 & -1 & \\
 & & & & & & & & & -1 & & & -1 & 4 & -1 \\
 & & & & & & & & & & -1 & & & 4 & -1
\end{array}\right)
\left(\begin{array}{c}
u_1\\ u_2\\ u_3\\ \hline \cdots \\ \hline u_8\\ u_9\\ u_{10}\\ \hline \cdots \\ \hline u_{24}\\ u_{25}\\ u_{26}\\ \hline \cdots \\ \hline u_{31}\\ u_{32}\\ u_{33}
\end{array}\right)
$$

y **f** el vector de fuerzas

$$\mathbf{f} = \begin{pmatrix} f(-0.75,-0.75) \\ f(-0.75,-0.5) \\ f(-0.75,-0.25) \\ \hline \vdots \\ \hline f(-0.5,-0.75) \\ f(-0.5,-0.5) \\ f(-0.5,-0.25) \\ \hline \vdots \\ \hline f(0,-0.25) \\ f(0.25,-0.75) \\ f(0.25,-0.5) \\ \hline \vdots \\ \hline f(0.75,-0.75) \\ f(0.75,-0.5) \\ f(0.75,-0.25) \end{pmatrix}$$

El sistema así formado, con 33 ecuaciones y otras tantas incógnitas, se resuelve conocido el vector segundo miembro. Al elegir **f** $=$ **-1**, significa que una fuerza uniforme, que podría ser la gravedad, actúa hacia abajo en la L-forma deformándola. Con todo, las incógnitas son los desplazamientos en los nodos interiores, ya que la placa está anclada por su borde exterior (**u** $=$ **0** en la frontera).

La solución obtenida con Matlab es

$$\mathbf{u} = \begin{pmatrix} -1.5085 \\ -2.0162 \\ -2.1948 \\ -2.2496 \\ -2.2624 \\ -2.2978 \\ -2.4622 \\ -3.0176 \\ -3.3617 \\ -3.5135 \\ -3.5411 \\ -3.5021 \\ -3.4667 \\ -3.5334 \\ -3.7381 \\ -3.8993 \\ -3.9564 \\ -3.8993 \\ -3.7381 \\ -3.5334 \\ -3.4667 \\ -3.5021 \\ -3.5411 \\ -3.5135 \\ -3.3617 \\ -3.0176 \\ -2.4622 \\ -2.2978 \\ -2.2624 \\ -2.2496 \\ -2.1948 \\ -2.0162 \\ -1.5085 \end{pmatrix}$$

Puesto que la matriz del sistema es relativamente pequeña, se puede resolver el sistema por un método directo, como la factorización LU o el método de Gauss-Seidel. Sin embargo, si el sistema es grande, por ejemplo con más de 1 millón de incógnitas deben utilizarse métodos iterativos, como gradiente conjugado o GMRES.

Práctica 8: Elementos Finitos

El método de elementos finitos (MEF) es una técnica numérica ampliamente utilizada para aproximar soluciones de ecuaciones diferenciales y resolver problemas relacionados con el diseño de estructuras, la mecánica de fluidos, la transferencia de calor y otras disciplinas de la ingeniería. Se basa en dividir el dominio del problema en elementos finitos más pequeños, que están conectados por nodos para formar una malla denominada *malla de elementos finitos*.

En cada elemento finito, se utiliza una función de interpolación, llamada *función de forma*, para aproximar la solución del problema. Esta función se expresa como una combinación lineal de funciones de interpolación locales definidas en los nodos del elemento. Los parámetros desconocidos de esta combinación, que representan los valores de la solución en los nodos, se determinan resolviendo numéricamente un sistema de ecuaciones mediante la eliminación de Gauss, la factorización LU o métodos iterativos. La elección del método numérico depende de la naturaleza del problema y las características de la matriz resultante.

El MEF tiene la capacidad de modelar geometrías complejas y considerar comportamientos no lineales, ya que se pueden utilizar elementos de forma arbitraria para adaptarse a la forma de la solución.

12.1. Problemas Unidimensionales

Ejemplo 40. *Calcular la matriz de rigidez y el vector de cargas para una barra de longitud $L = 1m$, con 2 elementos y 3 nodos, y funciones base lineales en cada elemento. Se supone una carga distribuida q, uniforme a lo largo de la barra.*

Paso 1: Calcular la matriz de rigidez para cada elemento

Para una función base lineal, la matriz de rigidez elemental K_e es:

$$K_e = \frac{AE}{L_e}\begin{pmatrix} 1 & -1 \\ -1 & 1 \end{pmatrix} = \begin{pmatrix} K_{11}^e & K_{12}^e \\ K_{21}^e & K_{22}^e \end{pmatrix}$$

donde L_e es la longitud de cada elemento, A el área de la sección transversal de la barra y E el módulo de elasticidad, también conocido como módulo de Young, del material de la barra. Como tenemos 2 elementos y una longitud total de 1 m, cada elemento tiene una longitud de 0.5 m.

Paso 2: Ensamblar la matriz de rigidez global

La matriz de rigidez global se ensambla sumando las contribuciones de las matrices de rigidez de cada elemento en las posiciones correspondientes a los nodos conectados. En este problema con 3 nodos y 2 elementos, la matriz de rigidez global K es una matriz 3×3:

$$K = \begin{pmatrix} K_{11}^{e_1} & K_{12}^{e_1} & 0 \\ K_{21}^{e_1} & K_{22}^{e_1} + K_{11}^{e_2} & K_{12}^{e_2} \\ 0 & K_{21}^{e_2} & K_{22}^{e_2} \end{pmatrix}$$

Paso 3: Calcular el vector de cargas para cada elemento

Como la carga distribuida q es constante a lo largo de la barra, el vector de cargas para cada elemento es:

$$\mathbf{f}_e = \frac{qL_e}{2} \begin{pmatrix} 1 \\ 1 \end{pmatrix} = \begin{pmatrix} f_1^e \\ f_2^e \end{pmatrix}$$

Paso 4: Ensamblar el vector de cargas global

El vector de cargas global se ensambla sumando las contribuciones de los vectores de carga de cada elemento en las posiciones correspondientes a los nodos conectados. Para este problema, el vector de cargas global **f** es un vector 3×1:

$$\mathbf{f} = \begin{pmatrix} f_1^{e_1} \\ f_2^{e_1} + f_1^{e_2} \\ f_2^{e_2} \end{pmatrix}$$

```
% Parámetros
A = 1; % Área de sección transversal
E = 1; % Módulo de elasticidad
L_total = 1; % Longitud total de la barra
n_elem = 2; % Número de elementos
n_nodos = 3; % Número de nodos
q = 1; % Carga distribuida constante

% Longitud de cada elemento
L_e = L_total / n_elem;

% Matriz de rigidez de cada elemento
K_e = (A * E / L_e) * [1, -1; -1, 1];

% Ensamblar matriz de rigidez global
K_global = zeros(n_nodos);
for i = 1:n_elem
K_global(i:i+1, i:i+1) = K_global(i:i+1, i:i+1) + K_e;
end

% Vector de cargas de cada elemento
f_e = (q * L_e / 2) * [1; 1];

% Ensamblar vector de cargas global
f_global = zeros(n_nodos, 1);
for i = 1:n_elem
f_global(i:i+1) = f_global(i:i+1) + f_e;
end

disp('Matriz de rigidez global:')
disp(K_global)
```

```
disp('Vector de cargas global:')
disp(f_global)
```

12.1.1. Viga hiperestática

Se quiere resolver el problema de una viga estáticamente indeterminada por el método de elementos finitos.

Ejemplo 41. *Se considera la viga de la figura 12.1 con tres vanos, uno de los cuales está en voladizo. Las luces de cada vano son $4m$, $5m$ y un voladizo de $3m$ dividido en dos partes porque en su punto medio habrá una carga puntual. Las cargas son distribuidas, una uniformemente y la otra con una distribución lineal con valores desde 0 hasta $20kN/m$, tal como se ve en la figura. La rigidez es de $3000kNm^2$.*

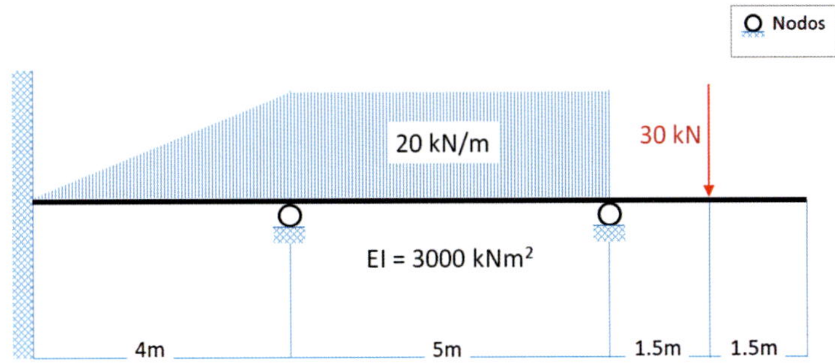

Figura 12.1: Esquema de la viga con sus cargas y elementos

SOLUCIÓN

- **Paso 1** Se debe enumerar cada grado de libertad, cada nodo y cada elemento.
    - Se colocará un nodo en cada punto donde exista un cambio en el tipo de carga, un apoyo, un cambio de sección transversal o donde exista una carga puntual.
    - Se asignan dos grados de libertad por nodo:
        - 1 desplazamiento vertical.
        - 1 giro

  A continuación, se vuelve a dibujar la viga con los nodos en azul y los elementos en rojo. En vigas sólo interesan los desplazamientos verticales y giros, por tanto no se consideran los desplazamientos horizontales.

- **Paso 2**

  Se calculan las matrices de rigidez elementales. La matriz de rigidez de un elemento de viga

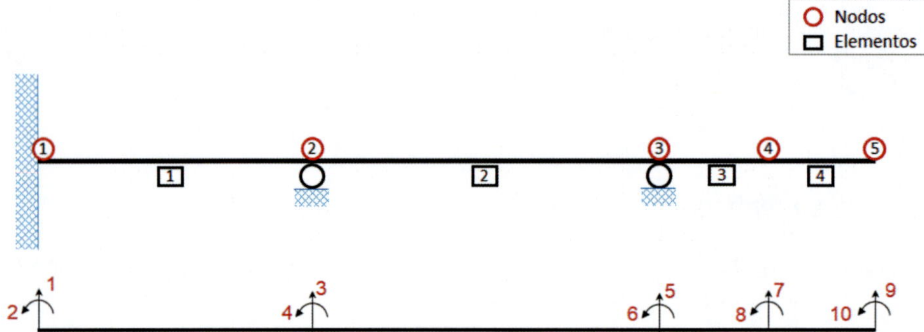

Figura 12.2: Esquema de nodos y elementos y grados de libertad asignados a cada nodo

cualquiera entre dos nodos es la siguiente:

$$K_{elem} = \begin{pmatrix} \frac{12EI}{L^3} & \frac{6EI}{L^2} & -\frac{12EI}{L^3} & \frac{6EI}{L^2} \\ \frac{6EI}{L^2} & \frac{4EI}{L} & -\frac{6EI}{L^2} & \frac{2EI}{L} \\ -\frac{12EI}{L^3} & -\frac{6EI}{L^2} & \frac{12EI}{L^3} & -\frac{6EI}{L^2} \\ \frac{6EI}{L^2} & \frac{2EI}{L} & -\frac{6EI}{L^2} & \frac{4EI}{L} \end{pmatrix}$$

y relaciona los desplazamientos en los nodos con las fuerzas en los extremos de la barra, como sigue

$$K_{elem} \begin{bmatrix} u_1 \\ u_2 \\ u_3 \\ u_4 \end{bmatrix} = \begin{bmatrix} F_1 \\ F_2 \\ F_3 \\ F_4 \end{bmatrix}$$

donde las fuerzas F_2 y F_4 representan momentos flectores.

Con esta fórmula se deben construir las matrices de rigidez de cada elemento. Para esto, se resumirán los datos de cada tramo de viga con los factores necesarios que entran en la matriz de rigidez, teniendo en cuenta que no hay que calcular la inercia de la viga:

Elemento 1

- $E = 3000kNm^2$
- $L = 4m$

Elemento 2

- $E = 3000kNm^2$
- $L = 5m$

Elemento 3

- $E = 3000kNm^2$
- $L = 1.5m$

Elemento 4

- $E = 3000kNm^2$
- $L = 1.5m$

Con estos datos, se construyen las cuatro matrices de rigidez (una por cada elemento)

$$K_1 = \begin{pmatrix} 562.5 & 1125 & -562.5 & 1125 \\ 1125 & 3000 & -1125 & 1500 \\ -562.5 & -1125 & 562.5 & -1125 \\ 1125 & 1500 & -1125 & 3000 \end{pmatrix}$$

$$K_2 = \begin{pmatrix} 288 & 720 & -288 & 720 \\ 720 & 2400 & -720 & 1200 \\ -288 & -720 & 288 & -720 \\ 720 & 1200 & -720 & 2400 \end{pmatrix}$$

$$K_3 = \begin{pmatrix} 10666.1 & 8000 & -10666.1 & 8000 \\ 8000 & 8000 & -8000 & 4000 \\ -10666.1 & -8000 & 10666.1 & -8000 \\ 8000 & 4000 & -8000 & 8000 \end{pmatrix}$$

$$K_4 = \begin{pmatrix} 10666.7 & 8000 & -10666.7 & 8000 \\ 8000 & 8000 & -8000 & 4000 \\ -10666.7 & -8000 & 10666.7 & -8000 \\ 8000 & 4000 & -8000 & 8000 \end{pmatrix}$$

- **Paso 3** Ensamblaje de la matriz de rigidez.

  Para este paso se escoge una matriz de tamaño 10×10 (porque son 10 los grados de libertad) donde se irán colocando las matrices elementales según la posición que les corresponda. Hay que tener en cuenta los solapamientos entre ellas, observando los nodos compartidos por cada elemento, según el esquema de la figura (12.2).

La matriz resultante es la matriz de rigidez glogal K_{Global}

$$\begin{bmatrix}
562.5 & 1125 & -562.5 & 1125 & 0 & 0 & 0 & 0 & 0 & 0 \\
1125 & 3000 & -1125 & 1500 & 0 & 0 & 0 & 0 & 0 & 0 \\
-562.5 & -1125 & {562.5 \atop 288} & {-1125 \atop 720} & -288 & 720 & 0 & 0 & 0 & 0 \\
1125 & 1500 & {-1125 \atop 720} & {3000 \atop 2400} & -720 & 1200 & 0 & 0 & 0 & 0 \\
0 & 0 & -288 & -720 & {288 \atop 10666.7} & {-720 \atop 8000} & -10666.7 & 8000 & 0 & 0 \\
0 & 0 & 720 & 1200 & {-720 \atop 8000} & {2400 \atop 8000} & -8000 & 4000 & 0 & 0 \\
0 & 0 & 0 & 0 & -10666.7 & -8000 & {10666.7 \atop 10666.7} & {-8000 \atop 8000} & -10666.7 & 8000 \\
0 & 0 & 0 & 0 & 8000 & 4000 & {-8000 \atop 8000} & {8000 \atop 8000} & -8000 & 4000 \\
0 & 0 & 0 & 0 & 0 & 0 & -10666.7 & -8000 & 10666.7 & -8000 \\
0 & 0 & 0 & 0 & 0 & 0 & 8000 & 4000 & -8000 & 8000
\end{bmatrix}$$

Los valores que aparecen juntos en el mismo elemento de la matriz se suman con el signo que aparece, de modo que K_{Global} queda

$$\begin{bmatrix} 562.5 & 1125 & -562.5 & 1125 & 0 & 0 & 0 & 0 & 0 & 0 \\ 1125 & 3000 & -1125 & 1500 & 0 & 0 & 0 & 0 & 0 & 0 \\ -562.5 & -1125 & 850 & -405 & -288 & 720 & 0 & 0 & 0 & 0 \\ 1125 & 1500 & -405 & 5400 & -720 & 1200 & 0 & 0 & 0 & 0 \\ 0 & 0 & -288 & -720 & 10955 & 7280 & -10666.7 & 8000 & 0 & 0 \\ 0 & 0 & 720 & 1200 & 7280 & 10400 & -8000 & 4000 & 0 & 0 \\ 0 & 0 & 0 & 0 & -10666.7 & -8000 & 21333 & 0 & -10666.7 & 8000 \\ 0 & 0 & 0 & 0 & 8000 & 4000 & 0 & 16000 & -8000 & 4000 \\ 0 & 0 & 0 & 0 & 0 & 0 & -10666.7 & -8000 & 10666.7 & -8000 \\ 0 & 0 & 0 & 0 & 0 & 0 & 8000 & 4000 & -8000 & 8000 \end{bmatrix}$$

Esta matriz de rigidez global multiplica al vector de desplazamientos para dar el vector de cargas y reacciones:

$$K_{Global} \begin{bmatrix} u_1 \\ u_2 \\ \vdots \\ u_{10} \end{bmatrix} = \begin{bmatrix} F_1 \\ F_2 \\ \vdots \\ F_{10} \end{bmatrix}$$

Este sistema

$$[K_{Global}]\,\mathbf{u} = \mathbf{F}$$

tiene infinitas soluciones. Sólo se puede resolver el problema para encontrar una única solución si se añaden las condiciones de contorno.

- **Paso 4** Imposición de las condiciones de contorno.

  Debido a la naturaleza de los apoyos, se puede deducir que el desplazamiento vertical y el giro en el empotramiento son cero

  $$u_1 = 0, \quad u_2 = 0$$

  y lo mismo ocurre con los desplazamientos en los grados de libertad 3 y 5

  $$u_3 = 0, \quad u_5 = 0$$

  En todos los nodos donde los desplazamientos son nulos, las reacciones son desconocidas.

  Para cargar la viga, deben tenerse en cuenta los momentos de empotramiento perfecto y sus reacciones de fuerza equivalente en sus extremos. Para las cargas distribuidas, los momentos de empotramiento perfecto y acciones equivalentes de fuerza en los extremos se pueden ver en la figura (12.3).

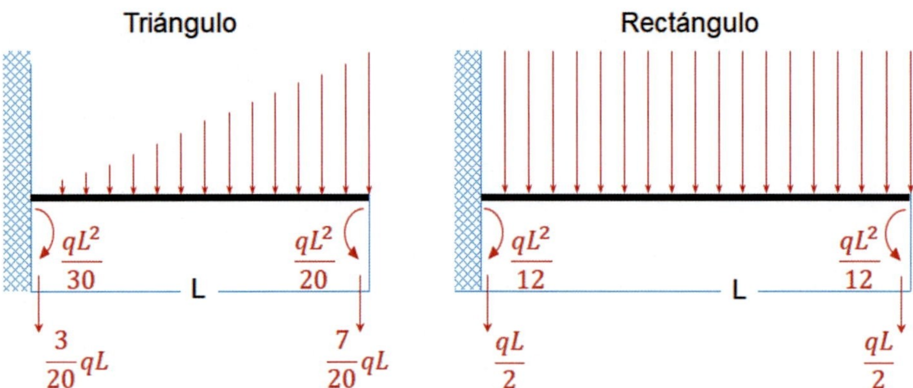

Figura 12.3: Momentos de empotramiento perfecto y acciones equivalentes para carga triangular y rectangular

Se aplican estas fórmulas a la viga con el objetivo de reemplazar la carga distribuida por cargas puntuales en los extremos, que solicitan la viga exactamente igual que la carga distribuida. Para trasladar estas fuerzas, momentos y reacciones al vector de fuerzas del sistema de ecuaciones, se tiene en cuenta la figura (12.4).

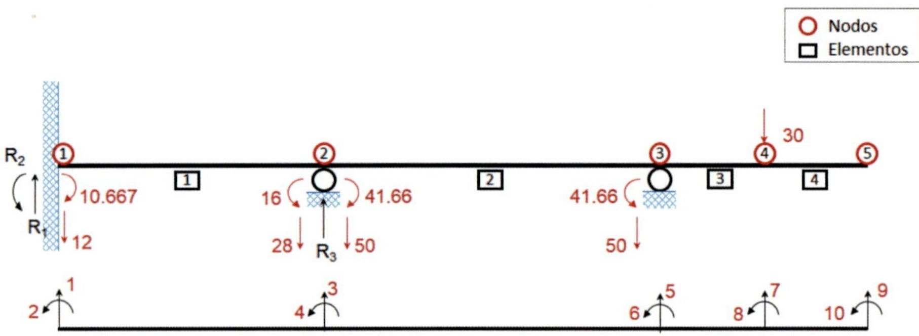

Figura 12.4: Esquema final de fuerzas, momentos y reacciones

Con todo lo anterior, queda:

$$\begin{bmatrix} F_1 \\ F_2 \\ F_3 \\ F_4 \\ F_5 \\ F_6 \\ F_7 \\ F_8 \\ F_9 \\ F_{10} \end{bmatrix} = \begin{bmatrix} R_1 - 12 \\ R_2 + 10.667 \\ R_3 - 28 - 50 \\ 16 - 41.667 \\ R_5 - 50 \\ 41.667 \\ -30 \\ 0 \\ 0 \\ 0 \end{bmatrix}$$

- **Paso 5** Se inserta el vector de cargas y de reacciones al sistema de 10 ecuaciones y 10 incógnitas y se resuelve. Para ello se deben anular las filas y columnas de los grados de libertad restringidos por los apoyos, que en este caso son 4, u_1, u_2, u_3 y u_5, y se reescribe el sistema con los elementos no anulados, lo que hace todas las incógnitas sean desplazamientos.

En el nuevo sistema, la matriz de coeficientes recibe el nombre de matriz global reducida

$$\begin{bmatrix} 5400 & 1200 & 0 & 0 & 0 & 0 \\ 1200 & 10400 & -8000 & 4000 & 0 & 0 \\ 0 & -8000 & 21333 & 0 & -10666.7 & 8000 \\ 0 & 4000 & 0 & 16000 & -8000 & 4000 \\ 0 & 0 & -10666.7 & -8000 & 10666.7 & -8000 \\ 0 & 0 & 8000 & 4000 & -8000 & 8000 \end{bmatrix} \begin{bmatrix} u_4 \\ u_6 \\ u_7 \\ u_8 \\ u_9 \\ u_{10} \end{bmatrix} = \begin{bmatrix} -25.667 \\ 41.667 \\ -30 \\ 0 \\ 0 \\ 0 \end{bmatrix}$$

Para calcular los desplazamientos, se hace

$$\begin{bmatrix} u_4 \\ u_6 \\ u_7 \\ u_8 \\ u_9 \\ u_{10} \end{bmatrix} = \begin{bmatrix} 5400 & 1200 & 0 & 0 & 0 & 0 \\ 1200 & 10400 & -8000 & 4000 & 0 & 0 \\ 0 & -8000 & 21333 & 0 & -10666.7 & 8000 \\ 0 & 4000 & 0 & 16000 & -8000 & 4000 \\ 0 & 0 & -10666.7 & -8000 & 10666.7 & -8000 \\ 0 & 0 & 8000 & 4000 & -8000 & 8000 \end{bmatrix}^{-1} \begin{bmatrix} -25.667 \\ 41.667 \\ -30 \\ 0 \\ 0 \\ 0 \end{bmatrix}$$

con lo que

$$\begin{bmatrix} u_4 \\ u_6 \\ u_7 \\ u_8 \\ u_9 \\ u_{10} \end{bmatrix} = \begin{bmatrix} -0.005 \\ 0.001111 \\ -0.009580 \\ -0.010139 \\ -0.024791 \\ -0.010139 \end{bmatrix} \begin{matrix} [rad] \\ [rad] \\ [m] \\ [rad] \\ [m] \\ [rad] \end{matrix}$$

cuyas unidades están en m o en rad, según corresponda a desplazamientos verticales o a giros, respectivamente.

Con todos los desplazamientos conocidos, se pueden calcular las reacciones en los apoyos, sustituyendo estos valores en el sistema global 10×10 y multiplicando el vector de desplazamientos por la matriz de rigidez global:

$$[K_{Global}]\begin{bmatrix} 0 \\ 0 \\ 0 \\ -0.005 \\ 0 \\ 0.001111 \\ -0.009580 \\ -0.010139 \\ -0.024791 \\ -0.010139 \end{bmatrix} = \begin{bmatrix} R_1 - 12 \\ R_2 + 10.667 \\ R_3 - 28 - 50 \\ 16 - 41.667 \\ R_5 - 50 \\ 41.667 \\ -30 \\ 0 \\ 0 \\ 0 \end{bmatrix} \rightarrow \begin{bmatrix} 5.62512 \\ -7.50016 \\ 2.82518 \\ -25.667 \\ 32.7994 \\ 41.667 \\ -30.000 \\ 0 \\ 0 \\ 0 \end{bmatrix} = \begin{bmatrix} R_1 - 12 \\ R_2 + 10.667 \\ R_3 - 28 - 50 \\ 16 - 41.667 \\ R_5 - 50 \\ 41.667 \\ -30 \\ 0 \\ 0 \\ 0 \end{bmatrix}$$

Finalmente, se obtienen

$$R_1 = 6.3749kN, \quad R_2 = 3.1665KNm, \quad R_3 = 80.8252kN, \quad R_5 = 82.7999kN$$

Matrices de rigidez de los elementos y ensamblado de la matriz de rigidez global

```
% Datos iniciales
E = 3000; % KN/m^2
L = [4, 5, 1.5, 1.5]; % longitudes de los elementos en metros
A = [1, 1, 1, 1]; % Áreas de los elementos en m^2

% Número de elementos
num_elem = length(L);

% Matrices de rigidez de los elementos
for k=1:num_elem
Lk=L(k);% elemento k
% Cálculo de la matriz de rigidez del elemento k de viga
K_k = [(12*E)/(Lk^3),(6*E)/(Lk^2),(-12*E)/(Lk^3),(6*E)/(Lk^2);
(6*E)/(Lk^2),(4*E)/Lk,(-6*E)/(Lk^2),(2*E)/Lk;
(-12*E)/(Lk^3),(-6*E)/(Lk^2),(12*E)/(Lk^3),(-6*E)/(Lk^2);
(6*E)/(Lk^2),(2*E)/Lk,(-6*E)/(Lk^2),(4*E)/Lk];
K{k}=K_k;
end

% Matriz de rigidez global
K_global = zeros(2 * (num_elem + 1));
for i = 1:num_elem
K_global(2*i-1:2*i+2, 2*i-1:2*i+2) =
K_global(2*i-1:2*i+2, 2*i-1:2*i+2) + K{i};
end
```

Condiciones de contorno

```
% Anular las filas y las columnas donde es fija: 1,2,3 y 5
despl_nul=[1,2,3,5];
K_reducida = K_global;
K_reducida(despl_nul,:)=[];
```

```
K_reducida(:,despl_nul)=[];

% Cálculo del vector de fuerzas
syms R1 R2 R3 R5
F = [R1 - 12;R2 + 10.667;R3 - 28 - 50;
16 - 41.667;R5 - 50;41.667;-30;0;0;0];
F_red=F;F_red(despl_nul)=[];

% Solución del sistema de ecuaciones
despl = K_reducida \ F_red;

% Desplazamientos totales (incluyendo los nodos fijos)
despl_tot=zeros(2 * (num_elem + 1),1);

% Reconstruimos
ind=1:length(despl_tot);
isin=ismember(ind,despl_nul);
% los índices donde colocamos los desplazamientos
ind_despl=find(isin==0);
for k=1:length(despl)
despl_tot(ind_despl(k))=despl(k);
end
% Hallar las reacciones R1,R2,R3 y R5:
% Calcular el vector de fuerzas tot  F_tot=K_global*despl_tot
F_tot=K_global*despl_tot;
R=solve(F(despl_nul)==F_tot(despl_nul));

% Resultados
disp('Desplazamientos totales:');
disp(despl_tot);
disp('Reacciones:')
disp(double(R.R1))
disp(double(R.R2))
disp(double(R.R3))
disp(double(R.R5))

% Cálculo de las fuerzas internas en cada elemento
fuerzas_internas = zeros(num_elem, 1);
for i = 1:num_elem
fuerzas_internas(i) = E * A(i) / L(i) * (despl_tot(2*i+1)
- despl_tot(2*i-1));
end
disp('Fuerzas internas:');
disp(fuerzas_internas);
```

12.2. Ejercicios

Ejercicio 23. *Se quiere encontrar la distribución de temperatura en una barra de longitud* $L = 1m$*, cuyo extremo izquierdo tiene una temperatura* T_a *de* $10K$ *y su extremo derecho una* *temperatura* T_b *de* $20K$*, sometida a una fuente de calor constante en cada punto de* $q = 10K/s$.

Ejercicio 24. *Se tiene una barra unidimensional de acero, de módulo de elasticidad* $2.1 \times 10^{10} kg/m^2$*, de longitud* $L = 3m$ *y área de sección transversal* $A = 0.05m^2$*. La barra está sujeta en ambos extremos, y se aplica una carga puntual* $F = 1000N$ *en el centro de la ésta. Determinar la deformación y los desplazamientos en la barra.*

Bibliografía

[1] ASTER, Richard C., BORCHERS, Brian, THURBER, Clifford H.: *Parameter Estimation and Inverse Problems*, Elsevier Academic Press, 2005.

[2] BONNET, Marc: *Problèmes inverses*, Master recherche, Ecole Centrale de Paris, 2008.

[3] HADAMARD, Jacques: *Lectures on Cauchy's problem in linear partial differential equations*, New York: Dover Phoenix editions, Dover Publications, 2003.

[4] HANSEN, Per Christian: «Analysis of discrete ill-posed problems by means of the L-curve», *SIAM Review*, 34 (4), (1992), 561-580.

[5] HANSEN, Per Christian: *Rank-Deficient and Discrete Ill-Posed Problems: Numerical Aspects of Linear Inversion*, Philadelphia: Monographs on Mathematical Modeling and Computation, SIAM, 1998

[6] JOLLIFFE, I.T.: *Principal component analysis*, New York: Springer series in statistics, 2nd ed., Springer-Verlag Inc., 2002.

[7] PHILLIPS, David L.: « A technique for the numerical solution of certain integral equations of the first kind », *J. Assoc. Comput. Mach.*, 9 (1), (1962), 84-97.

[8] SCALES, John A., SMITH, Martin L., TRETEL, Sven: *Geophysical Inverse Theory. Center for wave Phenomena*. Department of Geophisics Colorado School of Mines and New Englnad Research. Samizdat Press, 1980

[9] STRANG, Gilbert: *Linear Algebra and Its Applications*, Boston, MA: Cengage Learning, 2006.

[10] SUÑAGUA Porfirio S.: «Método de Gradientes Conjugados Precondicionado», *Revista Boliviana de Matemática Número* 4, (2020) 2-7.

[11] TIKHONOV, Andrey N.: «Solutions of incorrectly formulated problems and the regularization method», *Soviet Math. Dokl*, 4, (1963), 1035-1038.

[12] WACKERLY, Dennis D., MENDENHALL, William, SCHEAFFER, Richard L.: *Estadística matemática con aplicaciones*, Santa Fe: Cengage Learning, 2010